Arboriculture Fruitière

ETUDE · SUR · LES · ARBRES

en Vases et en Gobelets

Accompagnée de 14 planches en photogravure

VASES ET GOBELETS

En écrivant cette brochure, je n'ai pas la prétention de donner au monde horticole un nouveau traité d'Arboriculture fruitière.

D'habiles professeurs et des amateurs compétents ont publié sur la culture et la taille des arbres fruitiers des ouvrages très étendus et très complets qui sont devenus classiques, et se trouvent entre les mains de tous ceux qu'intéresse cette science si utile et si agréable.

Grâce à ces maîtres, un immense progrès s'est fait dans la formation des arbres de nos jardins, et l'on peut admirer aujourd'hui, le long des murs, des espaliers de toutes formes et de toutes dimensions, parfaitement dressés et donnant d'abondantes récoltes. Des arbres de haute-tige, des contre-espaliers, des pyramides, des cordons horizontaux, taillés aussi avec beaucoup d'art, ornent partout les vergers et les plates-bandes.

Mais il est une forme qu'on a presque entièrement négligée. C'est la forme en Vase et en Gobelet, et c'est à elle que je veux consacrer cette étude et essayer de rendre la place qu'elle mérite dans nos jardins.

Déjà conseillé en 1842 par Lelieur qui regarde le Vase comme « la forme de plein-vent la plus favorable aux récoltes abondantes et à la qualité des fruits », très chaleureusement recommandé il y a 25 ou 30 ans par le professeur Gressent et depuis par l'abbé Lefèvre, le Vase ne parait pas avoir été apprécié à sa juste valeur. Quelques auteurs plus modernes ont bien tenté de rappeler l'attention sur cette forme, mais on ne trouve dans leurs écrits et dans leurs gravures que la reproduction des idées et des procédés anciens. Malgré les efforts de ces savants arboriculteurs, malgré les spécimens remarquables exposés aux yeux du public dans le jardin-école du Luxembourg et dans le potager de Versailles, cette forme ne s'est pas répandue et semble peu goûtée de la plupart des jardiniers. Aussi, n'est-il pas rare de rencontrer encore dans les jardins grands ou petits, dans les potagers des châteaux aussi bien que dans ceux des paysans, de ces vilains buissons de pommiers ou de poiriers, espacés sur les plates-bandes, dont ils couvrent et stérilisent les trois quarts du terrain ; leurs branches sont tordues en tous sens et dénudées ou recouvertes çà et là de têtes de saule énormes. Hideux en hiver, quand on ne voit que leur carcasse informe, ils ne sont pas beaucoup plus attrayants au printemps ou à l'automne lorsque, à de rares fleurs, succèdent quelques fruits malingres et crevassés. Si, parfois un jardinier, comprenant qu'un peu d'air et de lumière serait utile au milieu de ces buissons touffus, a choisi à la base de son arbre cinq ou six branches qu'il a écartées et reliées par un ou deux cercles de tonneau, sans aucune direction et sans aucun tuteur, il a sans doute réalisé un progrès au point de vue de la fructification. Mais il faut avouer que ces formes très irrégulières n'ont rien d'agréable à l'œil.

D'où vient donc cette espèce d'ostracisme dont est frappé le Vase, ou plutôt quelle est la cause de cette indifférence dont il est l'objet de la part des arboriculteurs ? La quincaillerie lourde et coûteuse que demandait Gressent pour la charpente de ses Vases y a peut-être été pour quelque chose. Peut-être aussi la difficulté apparente d'obtenir une forme bien régulière, a-t-elle découragé les praticiens. Peut-être ont-ils été effrayés par la somme de travail que semble demander au premier abord la création d'un Vase. Peut-être enfin les jardiniers ont-ils été arrêtés par le peu de détails précis que donnent les auteurs pour la réalisation de ces formes.

Il est aussi une dernière considération que je dois, quoiqu'il m'en coûte, présenter à mes lecteurs : Des Vases de Gressent, édifiés à grand renfort de ferrailles, de briques et de ciment, que reste-t-il aujourd'hui ? Les arbres sont morts ou arrachés, les charpentes détruites. Il n'en existe plus trace ni à Sannois, leur pays d'origine, ni ailleurs.

Parmi les spécimens de ces formes qu'on rencontre actuellement dans quelques jardins d'amateurs, voire même dans les jardins-écoles, les uns ont été créés avec des armatures en fer trop volumineuses qui en détruisent l'élégance, les autres ont pour charpente unique des tuteurs et des piquets en bois ou en bambou, reliés par des cercles en fil de fer d'un trop petit calibre ou en fer plat trop large ; et pour fixer ces diverses charpentes dans le sol on les a simplement enfoncées à 40 ou 50 centimètres de profondeur. Viennent alors la croissance de l'arbre et la force ascensionnelle de la sève ; viennent les tempêtes, les tuteurs sont arrachés ou seulement soulevés de quelques centimètres et le Vase s'en va trébuchant sur son voisin.

Persuadé que les divers inconvénients que je viens d'énumérer rapidement ont été la principale cause de l'abandon dans lequel est tombée cette forme des arbres fruitiers, j'ai cherché les moyens d'y remédier, et aujourd'hui, après une expérience personnelle de vingt années, et avec la conviction profonde que le Vase présente à tous les points de vue, une supériorité incontestable sur toutes les autres formes de plein vent ; je veux essayer de le réhabiliter et de le faire aimer des vrais amateurs de beaux arbres et de bons fruits.

Aux charpentes et aux maçonneries de Gressent, onéreuses et nuisibles à la végétation, aux frêles tuteurs en bois qui pourrissent dans le sol ou que le vent et la poussée de la sève soulèvent si aisément, j'ai substitué un appareil plus léger, plus stable, moins onéreux et d'une installation plus facile.

J'ai remplacé les formes trop compliquées et trop fantaisistes, par des formes plus simples et plus conformes aux lois de la végétation.

Au risque de paraître méticuleux, je suis entré dans les plus minutieux détails en ce qui concerne la formation de la charpente, afin d'en rendre l'exécution facile à ceux qui voudront suivre mes conseils.

Enfin j'ai voulu placer sous les yeux de mes lecteurs, non pas des gravures comme il en existe dans tous les traités d'arboriculture, mais les photographies mêmes des arbres que j'ai élevés dans mon jardin. J'éviterai de la sorte le reproche que l'abbé Lefèvre adresse à l'un de nos meilleurs professeurs : « Rien n'est beau. dit-il, » comme les dessins de son livre que j'ai lu et relu. J'ai » admiré, mais je suis resté incrédule, je voudrais voir » des résultats sur les arbres et non sur des figures. — » Nos maîtres en arboriculture, dit-il encore, n'ont pas » toujours assez surveillé la main de ces artistes qui ne » cultivent les arbres que sur le papier. »

Diverses espèces de Vases

Les auteurs qui ont admis dans leurs ouvrages la forme en Vase, en ont décrit et représenté un certain nombre de variétés : Vases à branches verticales ramifiées, à branches croisées, à branches renversées, Vases en spirales, etc., etc. Je ne conseille à personne de les essayer sur nature.

Les seules formes que je veux décrire parce que je les ai spécialement étudiées et exécutées dans mon jardin, sont au nombre de trois.

1° **Vases ronds,**
2° **Vases carrés,**
3° **Vases en gobelets.**

Avec quelques modifications peu importantes et faciles à appliquer, ces trois types peuvent aisément, je pense, satisfaire à toutes les exigences du terrain et se prêter aux goûts et aux caprices de tous les amateurs. J'ai fait des Vases en *triangle* ; on peut en faire sous toutes les figures géométriques que l'on voudra.

I° VASES RONDS

1° **Dimensions.** — Pour que cette forme soit productive, facile à conduire et élégante, il ne faut lui donner ni trop de largeur ni trop d'élévation ; ces deux dimensions doivent être bien proportionnées.

Les Vases à vingt branches que préconisent Gressent, l'abbé Lefèvre et Frère Henry, me paraissent beaucoup trop grands et ne pourraient dans tous les cas trouver leur place que sur de très larges plates-bandes. Ces auteurs veulent que ce Vase ait 2 mètres de diamètre et 2 mètres d'élévation ; je n'en ai pas vu de spécimens, mais je me les figure peu agréables d'aspect. Longs à former, ils doivent aussi présenter de grandes difficultés pour la taille.

J'ai vu, d'autre part, des vases à quatre et à six branches ayant 50 à 60 centimètres de diamètre et 3 à 4 mètres d'élévation, j'ai trouvé ces colonnes peu gracieuses et, surtout, peu faciles à tailler — à cause de leur hauteur qui nécessite de longues échelles doubles.

Voici les dimensions que j'ai adoptées et mises à exécution.

1° VASE ROND A 8 BRANCHES

Vase rond à 8 branches $\left\{\begin{array}{c}\text{diamètre} \\ 0^\text{m}90 \\ \text{hauteur} \\ 1^\text{m}60\end{array}\right.$ $\left\{\begin{array}{c}\text{Ecartement des branches.} \\ \\ 0^\text{m}33\end{array}\right.$

DIMENSIONS

La hauteur est comptée à partir du premier cercle, c'est-à-dire à quarante centimètres du sol jusqu'au sommet du cintre supérieur des tuteurs en fil de fer.

Je me hâte d'ajouter que les Vases à trois, quatre, cinq, six, sept et neuf branches peuvent être adoptés.

également suivant les nécessités du terrain ou le goût des amateurs, mais à la condition expresse que leur hauteur soit proportionnée à leur diamètre et que l'écartement des branches de charpente varie entre 30 et 40 centimètres.

Etablissement de la charpente. — De même que pour donner aux branches fruitières des espaliers une direction fixe et durable, il faut de toute nécessité installer le long des murs un treillage immobile, de même, et à plus forte raison, pour les formes de plein vent comme le Vase, il est indispensable d'avoir une charpente solidement fixée dans le sol et assez résistante pour s'opposer aux efforts du vent et à la poussée de la végétation. Essayer de former un Vase par la taille seule, comme le conseillent encore certains auteurs modernes, ou avec des tuteurs en bois ou même en fer enfoncés simplement dans la terre, c'est vouer fatalement son arbre à des déformations prochaines, ainsi qu'à une bien courte durée.

Il faut donc une charpente et elle doit être en fer, mais les gros fers à T fixés en terre avec des pierres, des briques, du ciment ou du plâtre, les larges cercles en fer plat percés de trous, les boulons et les écrous exigés par Gressent, et actuellement encore employés par certains praticiens, ne sont pas nécessaires.

La charpente que j'ai imaginée, beaucoup moins massive, aussi solide et moins coûteuse m'a donné, depuis vingt ans, des résultats certains et convient à toutes les formes de Vase, quelle qu'en soit la dimension. Voici de quels éléments elle se compose pour les Vases ronds, dont je m'occupe dans ce chapitre et spécialement pour le Vase à huit branches.

1º Trois pieux en cœur de chêne, ronds ou carrés ayant 10 ou 12 centimètres de diamètre et 40 à 50 centimètres de longueur, taillés en pointe à une extrémité.

2º Trois fers à T de 0^m02 centimètres de largeur et de 2 mètres de longueur, aiguisés à l'une de leurs extrémités ; la lame interne de ces fers à T appelée *âme* en serrurerie sera percée de trois trous ayant cinq millimètres et demi de diamètre pour les deux trous supérieurs et sept millimètres pour le trou inférieur. Le premier trou du haut sera percé à six centimètres de l'extrémité du fer à T, le second à soixante-dix centimètres du premier et le troisième à soixante-dix centimètres du second ; il restera ainsi, sur la longueur totale de deux mètres, cinquante-quatre centimètres à l'extrémité inférieure.

3º Trois cercles en fil de fer galvanisé, deux du nº 22 et un du nº 25 ; chaque fil de fer destiné à faire ces cercles, devra avoir 2^m80 de longueur, de façon à ce que, après l'entrecroisement des extrémités, il reste 0^m90 de diamètre du cercle.

4º Sept tiges en fil de fer galvanisé du nº 22, destinées à faire les montants ou tuteurs des branches fruitières du Vase, un des fers à T pouvant servir pour la huitième branche. Ces tuteurs devront avoir 2 mètres de longueur. A cinq centimètres de l'extrémité inférieure sera pratiquée avec une lime dite « queue-de-rat » de même diamètre que le fil de fer du cercle inférieur, c'est-à-dire de 7 millimètres, une encoche intéressant la moitié du diamètre du tuteur destiné à embrasser le fil de fer formant le premier cercle. Une seconde et une troisième encoche seront faites sur ce tuteur à soixante-dix centimètres l'une de l'autre, et avec une queue-de-rat du diamètre de cinq millimètres et demi, pour embrasser les deux cercles supérieurs. L'extrémité supérieure de ces montants sera contournée en demi-cercle, légèrement aplati, de trente-trois centimètres de diamètre afin de rejoindre le montant suivant.

Les quatre éléments dont se compose cette charpente ne sont pas difficiles à confectionner.

Les pieux en chêne devront avoir le moins d'aubier possible ; le hêtre est bon également parce qu'il ne pourrit pas facilement dans la terre, à condition d'être complètement enfoui. Je préfère néanmoins le chêne. On peut acheter ces pieux à une scierie ou, ce qui coûte moins cher, les débiter soi-même sur de petits chênes ou sur des branches de calibre convenable.

Les montants en fer à T devront être faits par un serrurier, à moins qu'on ne possède une machine à forer les trous.

Les cercles en fil de fer galvanisé des nos 22 et 25 se font à la main ou au marteau, et l'on peut avec un peu d'adresse les obtenir très réguliers. Je conseille de faire le cercle inférieur du Vase avec le fil no 25, afin de donner

à la base plus de résistance contre la poussée de la végétation qui pourrait déformer ce cercle, la branche tendant
toujours à se rapprocher du centre.

Quant aux tuteurs en fil de fer du n° 22, il suffit d'en
couper les longueurs voulues et de les dresser au marteau
sur une planche ou sur un établi bien droits et de les
courber en demi-cercle à leur extrémité, soit avec les
doigts, soit avec un marteau. On y fait les trois encoches
dont j'ai parlé, avec une lime queue-de-rat en les
fixant sur un petit étau.

Le sujet dont on veut faire un Vase, une fois planté, on
enroule sur sa tige, au niveau du sol, une ficelle et on
trace sur le terrain une circonférence de 45 centimètres
de rayon. On divise cette circonférence en trois parties,
et on enfonce un des pieux en chêne à chacune de ces
divisions. Il faut avoir grand soin de maintenir le milieu
du pieu à 45 centimètres du pied de l'arbre, afin d'avoir
un cercle parfait ; ce qui est facile, d'ailleurs, en se ser-
vant d'une grosse masse en fer avec laquelle, en même
temps qu'on l'enfonce, on éloigne ou l'on rapproche le
pieu, chaque fois qu'il s'écarte de la distance voulue.

Quand les trois pieux sont enfoncés dans le sol à
quelques centimètres au-dessous du niveau de la plate-
bande, on perce au centre, avec une tarière de un centi-
mètre et demi de diamètre, un trou de huit à dix
centimètres de profondeur, destiné à recevoir les fers à T.

Comme ce montant doit être très solidement implanté
dans le pieu, on fait rougir au feu son extrémité aiguisée

et, en frappant sur son extrémité supérieure avec un bon marteau, on l'enfonce de 14 centimètres, afin que la distance du sol au premier trou percé dans l'âme du fer à T, soit de 40 centimètres.

Une fois les trois montants fixés dans les pieux on leur donne une position bien verticale, ce qui s'obtient facilement, soit à l'œil, soit à l'aide d'un fil à plomb, et, avec une règle et un niveau d'eau, on s'assure que les trous de ces montants sont bien tous de niveau. On introduit alors les cercles dans chaque étage de trous, où ils glissent aisément et sans se déformer si l'on a eu soin de percer les trous un peu plus grands que le diamètre du fil de fer. On attache leur extrémité entrecroisée avec un petit fil de fer ou de cuivre.

Il s'agit maintenant de placer les tuteurs en fil de fer. Pour cela on mesure sur le cercle du milieu, à partir du montant en fer à T que l'on a choisi pour servir lui-même de tuteur à l'une des 8 branches, des longueurs de 33 centimètres. Cette division exactement faite, on marque à la craie les points où doivent être attachés les tuteurs et l'on y fixe l'encoche du milieu avec un ou deux tours de petit fil de fer ou de cuivre ; on les place bien perpendiculairement en les attachant de la même façon au cercle inférieur et au cercle supérieur que l'on a emprisonnés dans les encoches correspondantes. On rejoint l'extrémité du cintre au tuteur qui le précède et on les fixe ensemble au-dessus du cercle supérieur.

Voilà la charpente du Vase à huit branches, dressée telle que la représente la planche I.

Formation du Vase. — Occupons-nous maintenant de la formation de l'arbre. Le scion d'un an, planté au centre de la charpente, au mois de novembre de préférence, ou au plus tard en février ou mars, et rabattu au sommet d'un tiers environ de sa longueur totale, devra être laissé intact pendant un an.

Au printemps suivant, alors qu'il aura formé un appareil de racines convenable, on choisira, à 35 centimètres du sol environ, quatre bourgeons à bois bien développés et placés autant que possible en diagonale, destinés à former les quatre branches primitives de la base du Vase ; on rabattra la tige en biseau, à 2 ou 3 centimètres au-dessus de ces yeux.

Quand ces quatre branches auront atteint, au cours de la végétation, une longueur de 25 à 30 centimètres, on les fixera sur de petits tuteurs en bois, attachés d'un bout au pourtour de la tige avec de l'osier et de l'autre avec un petit fil de fer sur le cercle inférieur, dans l'intervalle de deux montants ou tuteurs, de manière à former deux diagonales, planche I. On laissera ces quatre branches libres à leur extrémité jusqu'à l'année suivante ; on taillera alors chacune d'elles sur deux yeux placés latéralement, à une distance de 20 à 25 centimètres du tronc, c'est-à-dire à la moitié de la distance de ce tronc au cercle inférieur. A la naissance de ces deux yeux, quand ils se seront développés, et formeront deux branches, on attachera au-dessous du premier tuteur horizontal en bois, avec un petit fil de fer, deux autres petits tuteurs, dont on dirigera l'extrémité de chaque côté vers les montants en fil de fer et auxquels on les fixera, planche II.

Lorsque ces huit branches seront parvenues au cercle inférieur du Vase, on relèvera leur extrémité et on l'attachera verticalement à chaque tuteur. A la fin de l'été, ces huit branches auront atteint déjà une certaine longueur. L'année suivante, on les taillera à 15, 20, 30 centimètres de longueur, suivant leur force, et l'on arrivera ainsi au bout de deux ou trois ans, à la longueur représentée par la planche III.

Quand chacune de ces huit branches sera parvenue au niveau du cercle supérieur du Vase, on attachera son prolongement sur la partie cintrée de chaque tuteur et l'on aura le Vase complet, ainsi que le représente la planche IV.

Il ne faut jamais greffer le prolongement d'une branche sur la branche suivante. Ce procédé, conseillé quelquefois pour les cordons horizontaux, présente de graves inconvénients.

Cette même planche IV, montrant le Vase complet, le représente aussi portant des fruits dans les trois quarts de sa hauteur, les prolongements de l'année achevant de former le Vase complet.

La planche V montre le Vase arrivé à son complet développement, les prolongements terminaux portant des lambourdes, et la planche VI le représente portant des fruits sur toute son étendue, aussi bien sur la partie cintrée du sommet que sur les branches verticales.

2° VASE ROND A 10 BRANCHES

La planche VII représente un Vase rond à 10 branches. Cet arbre, formé dans mon jardin, a un défaut : la largeur est de 1^{m}23, la hauteur de 1^{m}43. Son aspect n'a pas toute l'élégance désirable.

Je conseille de donner à cette forme les dimensions suivantes :

Vase rond à 10 branches ⎱ diamètre 1^{m}15 hauteur 1^{m}80 ⎰ Ecartement des branches 0^{m}34

La formation de ce Vase est des plus faciles. La charpente se fait de la même façon que celle du Vase à huit branches en donnant à chaque élément de cette charpente des dimensions plus étendues.

Il n'est besoin, encore ici, que de trois montants en fer à T, de trois cercles et de neuf tuteurs en fil de fer, cintrés à leur extrémité et du même diamètre que ceux des Vases à huit branches.

On prendra sur le sujet d'un an, planté au centre de cette charpente, cinq branches que l'on divisera en deux pour arriver au premier cercle de la base et à chacun des dix tuteurs, un des fers à T représentant un de ces tuteurs. La planche VII montre ce Vase rond à dix branches, garni de boutons à fleurs. La planche VIII le montre avec ses fruits au nombre de 180.

Si pour la forme ronde, les Vases à quatre, cinq ou six branches me paraissent un peu petits et ne doivent être créés que pour des cas particuliers, je crois que le Vase à dix branches présente une dimension bien suffisante. Lui donner un plus grand diamètre serait se créer pour la taille des difficultés inutiles.

J'ai réservé, pour les formes carrées, les divisions en douze et seize branches parce que cette disposition en carré permet facilement d'atteindre tout l'intérieur de l'arbre.

II. VASES CARRÉS

Voulant donner à mon Verger, disposé en rectangle, entouré de plates-bandes, un aspect sortant un peu de la banalité, j'ai imaginé de faire à chacun de ses angles un Vase à forme carrée, l'intervalle compris entre ces angles étant planté de Vases ronds à huit branches. Cette forme carrée n'a été, je pense, mise en usage par aucun arboriculteur. Je n'en ai vu d'exemple ni dans les auteurs, ni dans aucun de nos grands jardins-école.

Cette forme n'est pas plus difficile, d'ailleurs, à obtenir que les formes rondes. J'en ai créé deux types, l'un à douze, l'autre à seize branches.

1° VASE CARRÉ A 12 BRANCHES

Etablissement de la charpente. — Voici les dimensions que j'ai données à ce Vase :

Longueur de la diagonale, d'un angle à l'angle opposé, 1^m43.

Longueur du côté du carré, 1^m.

Hauteur du premier cercle au sommet du centre des tuteurs, 1^m80.

Distance entre les branches, 0^m33.

Il nous faut ici, bien entendu, quatre montants en fer à T. Pour les placer, il suffit de tracer sur le terrain, deux lignes diagonales se coupant à angle droit au pied de l'arbre planté, et de mesurer sur chacune de ces lignes, à partir de leur point d'intersection une longueur de 0^m715, c'est-à-dire la moitié de 1^m43.

Ces quatre points terminaux seront les points où l'on devra enfoncer les pieux en bois dans lesquels seront fixés les fers à T. Ces montants auront une longueur totale de 2^m20. Ils seront percés, comme ceux qui servent aux Vases ronds, de chacun trois trous : le supérieur à 5 centimètres du bout du montant, les deux autres à 80 centimètres l'un de l'autre, de sorte qu'il restera 55 centimètres à l'autre bout, 40 centimètres pour que le premier cercle soit à cette distance du sol et quinze centimètres qui devront être enfoncés dans le pieu en bois.

Ces quatre montants seront reliés entre eux par quatre fils de fer galvanisé, dressés de façon à former un carré parfait. Quant aux tuteurs intermédiaires, ils seront au nombre de huit, les quatre montants devant servir pour les quatre branches d'angle. Toutes les pièces de cette charpente seront en fer à T et en fil de fer galvanisé de même grosseur que ceux employés pour les Vases ronds.

Cependant, je conseillerai de faire le cercle inférieur avec du fil de fer galvanisé du n° 26.

Formation de l'arbre. — Comme pour les Vases ronds à huit branches, on commence par faire partir quatre branches en diagonale sur le jeune sujet, et l'on dirige ces quatre branches vers chaque angle du carré, c'est-à-dire vers chaque montant en fer à **T**.

Puis, l'année suivante, on choisit sur chacune de ces branches, à égale distance autant que possible de l'arbre et du tuteur, deux branches latérales que l'on dirige vers chacun des montants en fil de fer situés de chaque côté du fer à **T** d'angle. Cette opération exécutée sur chacune des quatre branches, donne les huit branches intermédiaires.

Ici se présente parfois une difficulté : on ne trouve pas toujours sur les branches d'angle deux branches latérales disposées bien régulièrement et latéralement ; mais cet inconvénient n'arrêtera pas les jardiniers qui comprennent bien la physiologie végétale. Ils sauront toujours, en plus ou moins de temps, obtenir ces branches intermédiaires par des incisions ou par des pincements raisonnés ou par un écusson. Il n'est pas absolument nécessaire, d'ailleurs, que la naissance des douze branches soit entièrement régulière pourvu qu'on arrive à en amener une à chacun des douze tuteurs et qu'elles puissent s'équilibrer quand elles auront toutes atteint la position verticale.

Ce Vase carré à douze branches, planche IX, présente un aspect des plus agréables et se forme rapidement.

2° VASE CARRÉ A 16 BRANCHES

Ce Vase, représenté dans la planche X, a une charpente absolument semblable à celle du Vase à douze branches, elle n'en diffère que par les dimensions.

Longueur de la diagonale d'un angle à un angle opposé 1^{m}70.

Longueur du côté du carré 1^{m}20.

Hauteur du premier cercle au sommet du cintre des tuteurs 1^{m}90.

Distance entre les branches 0^{m}30.

La formation de l'arbre à seize branches peut se faire avec plus de facilité et de régularité que celle du Vase à douze branches, mais la base demande une année de plus pour être complète.

La première année on prend quatre branches que l'on divise en deux, ce qui fait huit branches. Chacune de ces huit branches est encore divisée en deux l'année suivante, et les seize branches sont ainsi obtenues sans difficulté. La planche X qui ne porte que des bourgeons sans feuilles permet de bien distinguer cette division.

J'ai formé ainsi aux quatre coins de mon jardin potager quatre Vases à seize branches, absolument réguliers qui ont aujourd'hui vingt ans et qui ne se sont jamais déformés. Ils sont couverts de fleurs au printemps et de fruits à l'automne. La figure XI montre l'un d'eux, une figue d'Alençon sur lequel on peut compter de 350 à 400 fruits.

III. VASES EN GOBELETS

Cette forme, représentée dans la planche XII, peut être appliquée indifféremment aux poiriers ou aux pommiers. Jusqu'à présent on l'a réservée presque exclusivement aux pommiers. J'ai vingt-cinq Gobelets de pommier entièrement terminés dans mon verger, et je suis en train d'en faire une quinzaine avec des poiriers.

On peut donner à cette forme toutes les dimensions que l'on voudra ; mais je crois qu'une petite dimension lui convient mieux qu'une grande. J'ai vu quelques spécimens de Gobelets à grande envergure ; ils manquent d'élégance. Je préfère pour ce grand développement de l'arbre, le Vase rond ou carré et je pense qu'il faut réserver au Gobelet la petite dimension plus coquette et plus facile à soigner.

Formation de la charpente. — Comme pour les autres Vases, il faut une charpente en fer. Il la faut même un peu plus compliquée, afin de maintenir solidement et pour toujours la forme spéciale qu'on veut leur donner.

Il est facile de se rendre compte, en examinant la planche que je présente à mes lecteurs, de la disposition de cette charpente.

Trois montants en fer à T, auxquels on a donné les courbures indiquées par le profil de la figure sont fixés dans trois pieux en chêne à 20 ou 30 centimètres du pied de l'arbre suivant la largeur que devra avoir le Gobelet à sa base ; au bas, sur la courbure, on percera deux trous dans l'âme des fers à T et on en percera deux également sur la courbure supérieure. Dans chacun de ces trous passsra un cercle en fil de fer galvanisé et ce sont les dimensions diverses de ces cercles qui donneront la forme au Gobelet. Des tuteurs en fil de fer galvanisé présentant les mêmes courbures que le fer à T seront ensuite fixés sur ces quatre cercles au moyen d'encoches et de petit fil de fer. L'extrémité supérieure de ces tuteurs sera terminée par des cintres ou demi-cercles, se rejoignant entre eux en forme d'arcade. Les deux cercles inférieurs devront être en fil de fer du n° 24 ou 25.

Voici les dimensions que j'ai données à mes Gobelets :

Diamètre du 1er cercle inférieur, 0m60.

—	2e	—	0m87.
—	3e	—	1m02.
—	4e	—	1m20.

Hauteur de la partie cintrée au-dessus du 4e cercle, 0m15.

Le premier cercle, ou cercle inférieur, se trouve à 25 centimètres du sol, le second à 38, le troisième à 73 et le quatrième à 88. La hauteur totale du Gobelet, à partir du sol jusqu'au sommet de la partie cintrée est de 1m45

Pour former le Vase j'ai fait partir les branches à 15 centimètres du sol, c'est un peu bas : il vaudrait mieux la prendre à 25 centimètres, ce qui augmenterait de 10 centimètres la hauteur totale du Vase et la porterait à 1^{m}55. Le nombre de branches de mes Gobelets est de neuf. Je les ai obtenues en prenant trois branches sur la tige d'un an et en divisant chacune de ces trois branches en trois, à une certaine distance de leur origine, afin de pouvoir les palisser sur le second cercle du bas, mais cette division n'est pas toujours facile à exécuter sur le pommier surtout, et l'on pourra arriver au chiffre de neuf branches de toute façon que l'on voudra, pourvu que ces neuf branches soient distinctes à partir du second cercle inférieur. Ce chiffre de neuf donne un écartement suffisant entre les branches, pour la dimension totale de mes Gobelets ; mais il va sans dire qu'on devra en augmenter ou en diminuer le nombre si l'on donne plus ou moins de développement au Gobelet. A cause des courbures assez prononcées dans cette forme, il est de la plus haute importance d'attacher chaque branche dès qu'elle est formée et de la fixer solidement à son tuteur, en multipliant les liens de façon à ce qu'elle prenne bien la direction voulue et ne puisse s'en écarter par la croissance. C'est à cette condidion qu'on obtiendra des Gobelets bien réguliers, dont les branches conserveront leur courbure jusqu'à la fin, même quand elles auront atteint une grosseur considérable.

Les dimensions que je viens d'indiquer donnent au Gobelet une forme assez gracieuse ; l'arbre est facile à tailler, se fait rapidement et se met aisément à fruit quand on a planté des variétés de vigueur moyenne et de bonne fécondité.

On peut voir sur la planche XII, une quantité considérable de bouquets de fleurs à demi-ouvertes : c'est une Reinette de Baumann, et sur la planche XIII, une profusion de fruits de Gros Pigeonnet de Rouen.

En ayant soin de ne pas laisser s'allonger trop les lambourdes, on obtient un arbre dans lequel pénètrent l'air et le soleil et qui laisse loin derrière lui comme produit et comme aspect, les buissons informes d'autrefois, qui ne donnaient que quelques rares fruits à leur surface.

OBSERVATIONS GÉNÉRALES

SUR

la Taille des Arbres en Vase

J'ai indiqué pour chaque Vase, la manière d'obtenir les branches charpentières. Quelques observations me paraissent cependant nécessaires.

Ces branches de Vases ronds ou carrés présentent trois parties distinctes : une partie horizontale, formant la base ; une partie verticale et une partie courbe au sommet, terminaison des branches de charpente. On a dit que les branches de la base devaient rester complètement dénudées et qu'il ne fallait obtenir des lambourdes que sur la partie verticale ; je ne partage pas cette manière de voir. J'ai laissé sur les branches horizontales dès le début des bourgeons se développer et je les ai soignés de façon à y faire naître des boutons à fruit ; la base de mes Vases est remplie de productions fruitières, aussi bien que la partie verticale, , ainsi qu'on peut le voir sur mes différentes planches. J'ai eu soin, bien entendu, de supprimer parfois les trop nombreuses fleurs, de réprimer les gourmands et d'éviter les têtes de saule et je ne me suis pas aperçu que cette végétation ait empêché ou même retardé la marche des branches quand elles sont arrivées à la direction verticale.

Une autre objection paraissant plus sérieuse au premier abord, est celle qui concerne la terminaison en courbure au sommet de l'arbre. Jusqu'à présent on laissait se terminer le vase par les prolongements verticaux de chaque branche charpentière en taillant chaque année cette extrémité sur un œil à bois, ou tire-sève : cette terminaison est peu élégante, et j'ai substitué à ces baguettes verticales, le demi-cercle que l'on voit à mes Vases et qui forment des arcades régulières.

Mais, me dirait-on, il se formera des têtes de saule énormes sur cette courbure et il ne s'y développera jamais de lambourdes. Sur aucune de ces courbures, quelque soit l'âge de mon arbre — et la planche V représente un Vase de 20 ans — on ne voit de végétations exagérées, et l'on y peut remarquer des bourgeons à fleurs et des fruits.

Cela tient à ce que je taille toujours le prolongement de ma courbure sur un œil à bois, et que j'ai soin de pincer les jeunes pousses du sommet de manière à obtenir le plus vite possible des boutons à fleurs, si parfois quelqu'un de ces rameaux devient trop vigoureux, j'en suis quitte pour le tailler à l'écu sur la branche-mère, et l'année suivante, j'ai des pousses moins fortes ou des dards qui se mettent facilement à fruit ; la présence des fruits à la partie inférieure des branches est du reste la principale cause de l'arrêt de la végétation au sommet.

Il faut, d'ailleurs, pour conserver à ces formes restreintes la régularité indispensable à leur élégance, surveiller avec soin la marche de la végétation dans toutes les parties de l'arbre. Il faut réprimer par des pincements et par la taille en vert en juin et juillet, les productions trop vigoureuses et maintenir l'équilibre entre les branches de charpentes ; supprimer sur celles-ci, par l'ébourgeonnement, les rameaux trop serrés qui donneraient des lambourdes trop rapprochées, et en faire naître là où il n'en existe pas par des incisions pratiquées au-dessus des yeux qui ne se sont pas développés.

Toutes ces opérations sont faciles à exécuter, à la condition que le jardinier connaisse bien les lois de la circulation de la sève et sache à fond l'anatomie et la physiologie végétales. Frère Henri donne à cet égard d'excellents conseils dans son Cours pratique d'arboriculture de 1898, p. 103.

Il me reste encore une observation importante à faire. Lorsque les huit, douze ou seize branches de la base sont arrivées au niveau du niveau du cercle inférieur du Vase, et qu'il s'agit de leur donner la direction verticale, il faut avoir soin de les courber de bonne heure, à l'état herbacé si c'est possible, ou du moins quand elles sont encore bien flexibles. Il faut surtout, éviter de les faire passer au-dessous du cercle, car, lorsqu'elles grossissent et que la poussée de la végétation tend à les redresser et à les rapprocher du centre, elle forceraient le fil de fer du cercle inférieur, quelque solide qu'il fût, à se courber et à se déformer.

En les faisant, au contraire, passer au-dessus et en les y fixant avec un fort osier. il est toujours facile, en détachant la branche toute entière à la taille d'hiver, de la ramener à sa place.

VARIÉTÉS D'ARBRES

à la forme en Vase et en Gobelet

Je n'ai trouvé dans aucun auteur la nomenclature des arbres qui peuvent être élevés en Vase, et je vais donner d'après mon expérience personnelle et d'après les avis d'arboriculteurs compétents et connaissant bien la végétation spéciale à chaque variété, une liste à coup sûr incomplète, mais déjà suffisante, des espèces qui peuvent se prêter à ces formes. Je les diviserai pour les poiriers en deux catégories.

1º Variétés convenant aux grands Vases de 12 à 16 branches. — William et William-Duchesse — Duchesse — Beurré d'Amanlis — Conseiller de la Cour — Passe-Crassane — Triomphe de Jodoigne — Soldat laboureur — Figue d'Alençon — Doyenné du Comice — Fondante des Bois — Beurré royal.

2° Variétés convenant aux Vases de 8, 6 et 5 branches. — Doyenné du Comice — Comtesse de Paris — Beurré Giffard — Beurré superfin — Baronne de Mello — Louise-Bonne — Beurré Clergeau — Le Lectier.

Pour les pommiers, je conseillerai les variétés suivantes :

Reinette de Caux — Reinette de Beaumann — Reinette du Canada blanche — Reinette du Canada grise — Reine des Reinettes — Pigeonnet — Api rose — Calville blanc — Passe-Pomme rouge — Fenouillet gris.

Cette nomenclature n'est pas longue. J'ai tenu à conseiller seulement les espèces que j'ai expérimentées. Chaque amateur pourra y ajouter les variétés qu'il préfère.

Mais il est un point important qu'il ne faut pas oublier. La forme en Vase est destinée à donner dans des dimensions restreintes la plus grande somme possible de fruits, tout en conservant l'élégance et la régularité. Il ne faut pas, par conséquent, y astreindre des espèces à végétation luxuriante et à fécondité médiocre. A ces variétés vigoureuses, poiriers ou pommiers, restent les espaliers, les contre-espaliers et même les pyramides.

Ce qu'on doit demander à un Vase c'est une vigueur convenable, facile à modérer et une mise à fruit rapide.

S'il arrive qu'un arbre de vigueur moyenne s'emballe, croisse trop rapidement, des procédés, connus de tous les praticiens, modéreront son ardeur. S'il languit, au contraire, quelques engrais naturels ou artificiels lui feront bientôt regagner le temps perdu. Et pour ma part, je redoute plus le premier inconvénient que le dernier — A moins qu'il ne présente quelque vice redhibitoire grave — chancre ou pourriture des racines — un arbre peut toujours, avec des engrais et des soins, arriver à une croissance convenable et produire de bons fruits.

A quel âge doit-on planter les arbres ?

J'ai dit, en parlant de la formation du Vase, que l'on devait planter en automne, un scion d'un an, le raccourcir au sommet d'un tiers environ de sa longueur totale, le laisser intact pendant un an et, au printemps suivant, le rabattre au-dessus de quatre yeux, placés diagonalement, pour obtenir les quatre premières branches de la base. Au bout de cette année de plantation, le sujet aura développé un appareil de racines suffisant pour nourrir les quatre branches et leurs bifurcations.

Je crois que ce procédé est absolument sûr. Rabattre l'arbre au moment de la plantation, sur quatre bourgeons dans le but d'obtenir dès le premier printemps, les quatre premières branches de la charpente est dangereux et ne réussira que bien rarement. Ou l'arbre, dépourvu de branches et de feuilles, c'est-à-dire de son appareil respiratoire, ne poussera presque pas, et les quatre bourgeons conservés deviendront des boutons à fruits — ou le scion, s'il ne meurt pas complètement, restera languissant toujours ou du moins pendant quelques années, et l'on perdra ainsi plus de temps que si on l'avait laissé un an de plus sans le tailler. *Experto crede*... Pardon ! Je veux dire en français que j'en ai fait la triste expérience.

Il est cependant un cas spécial qui peut faire déroger à ce principe : on trouve quelquefois dans les pépinières des scions de deux ans pourvus, à la base, de quatre ou cinq bonnes branches, scions destinés par les pépiniéristes à faire des pyramides. L'appareil radiculaire est bien fourni et il m'est arrivé de planter de ces arbres à l'automne, de les rabattre au printemps suivant sur quatre branches bien disposées prenant naissance à 35 ou 40 centimètres de la greffe, et de les bifurquer dès la première année de plantation, de façon à obtenir de suite mes huit branches. Je gagnais ainsi une année sur deux, puisque ces huit branches atteignaient promptement le bord du cercle inférieur du Vase. Il ne faut, toutefois, user de ce procédé qu'avec réserve et quand on a affaire à une variété un peu vigoureuse

En règle générale, les poiriers destinés à faire des Vases doivent être greffés sur cognassier et les pommiers sur doucin. Je dois dire cependant que cette règle n'est pas absolue ; chaque praticien devra se guider dans son choix suivant la dimension qu'il voudra donner à son Vase, sur la vigueur particulière à chaque variété et sur la nature du terrain destiné à le recevoir.

Prix de revient de la Charpente en fer pour Vases et Gobelets. — Cette question est de la plus haute importance.

Le prix des charpentes massives de Gressent a, je l'ai dit, rebuté un grand nombre d'arboriculteurs ; il fallait, pour les obtenir, s'adresser à un quincaillier spécial, de Paris, et on les payait très cher. L'abbé Lefèvre avait déjà abaissé le prix de ces charpentes, mais il indique encore comme prix minimum 4 fr. 50 pour les petits vases, et 11 fr. 50 pour les plus grands. Il fallait aussi pour se les procurer, avoir recours à un spécialiste auquel il avait confié l'exécution de ses modèles de Vases de toutes dimensions. Et le salaire des maçons nécessaires pour fixer ces charpentes n'est pas compté.

Toutes les charpentes des Vases que j'ai élevés dans mon verger, depuis 20 ans, et qui sont au nombre de 80, ont été dressées par moi et mon jardinier, sans le secours de serruriers et de maçons. La simplicité de leurs éléments et la facilité de les mettre en place permettent à tout le monde d'en faire autant.

J'ai calculé avec précision le prix que ces charpentes m'ont coûté, et je puis l'évaluer de la façon suivante pour les Vases à huit branches :

Trois montants en fer à T de 0m02 centimètres de diamètre et ayant 2 mètres de longueur, pèsent 6 kilos, à 30 fr. les 100 kilos, cela fait 1 fr. 80.

Le fil de fer galvanisé du no 22, vaut 32 fr. les 100 kil., les 7 montants et les 3 cercles pèsent 4 kilos, ce qui fait 1 fr. 28.

3 fr. en tout, par conséquent, pour cette charpente.

Les grandes formes à 12 et 16 branches ne me reviennent pas à plus de 4 fr. 50 ou 5 fr.

Les frais de main-d'œuvre, si on fait exécuter ces charpentes par un serrurier un peu habile, et en assez grand nombre à la fois, n'augmenteront pas considérablement le chiffre du prix de revient.

COMPARAISON

les Différentes Formes de Plein Vent

SUPÉRIORITÉ DES VASES

Je ne parlerai ici ni des contre-espaliers qui ne sont en somme que de véritables espaliers sans murs, ni des fuseaux, qui sont des réductions de pyramides. Je m'occuperai seulement de ces dernières, appelées aussi quenouilles, et comme il s'agit, pour moi, de démontrer que le Vase leur est en tous points préférable, il faut bien que je fasse leur procès et que je dévoile tous leurs défauts.

Quelle que soit, d'ailleurs, ma grande affection pour le Vase, on ne m'accusera pas de trop de partialité ni de trop d'injustice à l'égard de la grande pyramide quand je me serai appuyé, pour lui dire son fait, sur les plus éclairés et les plus habiles arboriculteurs. Inventée, dit-on, par Voltaire, la forme pyramidale a été, depuis lors, employée et multipliée à l'infini dans tous les jardins.

Déjà vigoureusement combattue par Gressent qui « la » proscrit d'une manière absolue du jardin fruitier, parce » qu'elle coûte plus cher de soins de taille et d'entretien » que toutes les autres formes, qu'elle ombrage le sol et » forme un fouillis impossible dans le verger », elle a aussi été blâmée par Dubreuil, et plus récemment, en 1898, Frère Henri ne craint pas de dire dans son livre : « La forme en pyramide ou cône, longtemps en faveur, » est aujourd'hui généralement dépréciée et l'on tend » à la faire complètement disparaître. Nous le compre- » nons jusqu'à un certain point, à cause de la difficulté » d'arriver à équilibrer la sève, difficulté dont personne, » à notre connaissance, n'a pu triompher complète- » ment ».

Je suis, on le voit, en bonnne compagnie pour lui livrer combat, et s'il m'était permis de donner mon opinion après celle de ces savants praticiens, j'ajouterais que moi aussi j'ai fait des pyramides et que je ne recommencerai jamais. Mais énumérons et examinons, sans parti pris, les défauts qu'on lui reproche.

Inconvénients des Pyramides

1.º Pour faire une pyramide, il faut planter un scion d'un an, le rabattre à la seconde année de plantation, de façon à avoir cinq branches situées à 30 ou 40 centimètres du sol, et laisser une tige centrale longue de 30 à 40 cent. au-dessus de ces cinq branches, et terminée par un œil de pousse. Les cinq branches formeront la 1re série, le 1er étage de la pyramide ; la 3e année, avant le commencement de la végétation, il faut fixer avec des tuteurs en bois, inclinés sur un angle convenable, les cinq premières branches ; le second étage sera formé avec les cinq branches développées sur la tige au-dessous de l'œil de prolongement ; on les fixera également sous le même angle que celles du premier étage, avec des tuteurs attachés aussi à la tige centrale. Mais il faudra, afin que le second étage forme un angle régulier avec le premier ; écarter avec des arcs-boutants en bois les branches qui se rapprocheront trop du centre, et soutenir avec des osiers celles qui auraient une trop grande inclinaison.

Si l'on veut obtenir une pyramide à forme régulière, condition sans laquelle une pyramide n'a pas de raison d'être, il faut que les branches du second étage alternent avec celles du premier, c'est-à-dire soient obtenues à l'endroit de la tige correspondant à l'intervalle compris entre les branches du premier étage. Il faudra chaque année, à chaque nouvel étage, continuer cette alternance et redresser ou rabaisser les branches comme on l'a fait pour les deux premiers étages, à l'aide de tuteurs, d'arcs-boutants et de liens d'osier, chaque étage devant être éloigné de l'autre de 35 à 40 centimètres. Il faudra former ainsi dix étages consécutifs pour arriver à une hauteur de quatre à cinq mètres environ et de quinze étages pour arriver à une pyramide de 5 à 6^m de hauteur.

J'ai vu, dans des jardins modèles, des pyramides dressées de la sorte et admirablement équilibrées, mais, quoique ces arbres n'eussent encore que 2 mètres à peine d'élévation, le nombre des tuteurs, des arcs-boutants ou brins d'osier et des fils de fer était si considérable que j'ai dû renoncer à les compter.

Quelle somme de de travail et de temps représentée par tous ces détails d'exécution ! Et la réussite couronne-t-elle toujours ces efforts ? On ne trouve pas toujours facilement pour former chaque étage cinq bourgeons disposés à la même hauteur et si quelqu'un de ces bourgeons manque ou ne pousse pas, voilà un étage irrégulier.

D'autre part, « la sève, dit Frère Henri, étant revenue
» dans la série ou dans les séries du bas, n'arrive qu'en
» petite quantité dans la flèche, laquelle n'ayant qu'une
» nourriture insuffisante ne donne qu'une pousse chétive
» et amaigrie. » Puis « les branches de ces premières
» séries ayant de bonne heure atteint tout leur déve-
» loppement, ne peuvent plus, à partir de la cinquième
» ou sixième taille, être prolongées et l'on se trouve
» obligé de les tenir à peu près sur le même point. Enfin
» ces branches ayant reçu un écartement trop considérable
» qui les rapproche de la position horizontale, ploient
» sous le poids des fruits et ne peuvent se soutenir
» qu'avec le secours de brides ou de liens. »

En résumé, pour ce qui concerne la formation de la pyramide, je dirai avec Gressent que les « arbres en

» pyramides sont très longs à venir et très difficiles à
» diriger » et avec Dubreuil que « la formation de cette
» charpente, l'une des plus difficiles à bien exécuter,
» exige beaucoup de soins et des connaissances assez
» précises que l'on rencontre trop rarement chez les
» jardiniers. »

Pour être juste, je dois dire que Frère Henri, dont j'a
cité l'opinion sur la pyramide qu'il proscrit en général,
ajoute plus loin : « les inconvénients signalés par le savant
» professeur Dubreuil peuvent être vrais, s'il s'agit de la
» pyramide ordinaire, mais n'existent pas, croyons-nous,
» pour la pyramide telle que nous la dirigeons, et dans
» les conditions où nous la conseillons. »

Je m'incline devant la haute compétence et la science
incontestée du savant chef de culture de l'Institution
Saint-Vincent-de-Paul, à Rennes. Mais, après avoir
étudié avec soin les pages qu'il consacre à la
description de ses procédés et admiré ses méthodes,
je suis bien obligé de dire, en toute conscience,
que, si lui et ses élèves réussissent presque toujours,
comme il le proclame, à former de ces belles pyramides
dont les dessins ornent son ouvrage, la presque totalité
des jardiniers qui voudront l'imiter perdront leur temps
et leurs arbres.

2° La formation de la pyramide exige un grand nombre
d'années et le produit maximum ne peut être obtenu
qu'après quinze ou vingt ans de plantation et, à ce moment
dans beaucoup de terrains, la pyramide est usée.

3° Le développement de la base des pyramides qui doit être au moins de 3 mètres, neutralise une grande étendue du terrain des plates-bandes sur lesquelles on ne peut rien planter avec succès ; leur hauteur atteignant 5 ou 6 mètres et leur silhouette serrée et touffue qui ne laissent point pénétrer les rayons du soleil, portent au loin un ombrage nuisible à toutes les cultures environnantes.

4° La difficulté de la taille est très grande et elle ne peut se faire qu'à l'aide de longues échelles doubles, souvent difficiles à placer solidement et, par conséquent, dangereuses. Des branches et des bourgeons sont, à chaque instant, brisés dans cette opération.

5° Leur fertilité est médiocre. Pour les variétés peu productives, elle est souvent très minime. Les rameaux situés à l'intérieur des branches de charpente, ne recevant pas l'action bienfaisante de la lumière et du soleil, ne développent pas les bourgeons à fruits qui se transforment en bourgeons à bois ou restent stationnaires. Quant aux espèces fertiles, elles donnent des fruits peu volumineux, parce qu'ils se trouvent placés trop loin des canaux principaux de la sève.

6° L'élévation et l'envergure considérable des pyramides les exposent à toutes les intempéries des saisons : l'hiver leurs branches serrées ploient sous la neige ; au printemps leurs fleurs sont exposées aux gelées ; à l'automne, leur feuillage serré donne facilement prise aux vents et leurs fruits, ballotés sans cesse, s'entre-choquent et se meurtrissent, ou se détachent de l'arbre. La récolte des fruits nécessite encore de grandes échelles.

Je ne puis m'empêcher, en terminant cette critique des pyramides, de citer encore ces lignes de Frère Henri : « Rien de plus ordinaire, dit-il, que de trouver dans un » jardin des pyramides de la plus chétive apparence, » parce qu'on ne les a pas soumises à une taille méthodique » et raisonnnée, etc... » Il conseille alors la restauration par le rapprochement ou le recèpage qui, selon lui, valent mieux qu'une nouvelle plantation.

Mais, la restauration est une opération très difficile et quand on a perdu douze ou quinze ans à faire une mauvaise pyramide, pourquoi perdre encore un égal nombre d'années pour rétablir une forme si défectueuse ?

En résumé, les pyramides doivent être proscrites des vergers parce que, indépendamment des autres inconvénients, elles sont très longues et très difficiles à former et qu'il n'y a pas, dit Dubreuil, « de proportion suffisante » entre le produit de ces arbres et l'étendue du terrain » qu'ils occupent. »

Avantages des Vases

Si j'ai trouvé, pour soutenir ma lutte contre la forme des pyramides, un puissant appui dans l'opinion des principaux arboriculteurs de notre temps, je vais être moins heureux pour faire l'apologie du Vase. Les auteurs anciens n'en font pas mention ; ils s'en tiennent à la touffe et aux buissons, cépées ou paradis, réservés spécialement d'ailleurs pour les pommiers.

Quelques auteurs plus modernes : Le Bœuf, Forney, etc., en disent bien quelques mots, mais avec une indifférence voisine du dédain.

Hardy et Dubreuil les ont étudiés avec un peu plus de bienveillance, mais sans y attacher pourtant une bien grande importance. Ce dernier néanmoins en décrit un certain nombre de variétés, plus ou moins fantaisistes.

Les véritables amis du Vase, ainsi que je l'ai dit au commencement de cet opuscule, sont Lelieur en 1842 et depuis lui, Gressent et l'abbé Lefèvre. Frère Henri, dans son traité d'arboriculture très récent, puisqu'il date de 1898, commet une erreur quand il dit que le Vase occupe autant de place qu'une pyramide et rapporte moins de fruits. Mais il ajoute : « A mes yeux c'est une forme de
» fantaisie, laquelle ne manque pas de grâce, elle a bien,
» d'ailleurs, quelques avantages : le Vase porte de très
» beaux fruits qui ne sont pas exposés à être ballotés
» par le vent ; enfin l'air et la lumière pénètrent admira-
» blement dans l'intérieur de l'arbre ; de plus, le fruit est
» facile à cueillir ».

Voici un éloge dont je sens tout le prix et que je m'empresse d'enregistrer :

L'abbé Lefèvre dit : « Le Vase est d'une culture très
» facile ; il présente tour à tour chacune de ses branches
» à la lumière vivifiante du soleil, dont les rayons le
» pénètrent en tous sens ; il se prête à toutes les dimen-

» sions et offre dans un espace restreint une grande
» étendue de branches fruitières ; les branches sont sous
» la main de l'opérateur qui, en faisant le tour de son
» arbre, leur donne sans effort et sans perte de temps les
» soins qu'elles réclament et assure ainsi une fructifi-
» cation abondante et régulière. Il est facile à abriter au
» printemps et à l'automne, il brave la fureur des ouragans
» impuissants à lui ravir un seul de ses fruits. Aussi,
» comme il est prodigue et comme il se charge de payer
» avec usure les frais d'installation !

» Le Vase unit la grâce à la fertilité. Comme sa forme
» est jolie ! L'arbre en Vase est beau, même dépouillé de
» son feuillage. Combien il est plus beau orné de fleurs
» et couvert de fruits qui garnissent toute l'étendue de
» ses branches...

» C'est, pour les pleins vents, ma forme favorite ; c'est
» aussi celle de tous les amateurs qui en ont fait l'essai en
» se conformant à toutes mes indications. Si des arbo-
» riculteurs très distingués ont élevé contre elles des
» objections, c'est, ils me l'ont avoué, sans l'avoir encore
» pratiquée. »

Je pourrais m'en tenir aux louanges que donnent au
Vase les auteurs cités précédemment. Mais, après avoir
aussi énergiquement que possible, pu battre en brèche
la pyramide et fait ressortir ses principaux inconvénients,
il me semble indispensable de présenter en regard, les
avantages de la forme appelée à la remplacer.

1º Pour faire un Vase de huit, douze ou seize branches, il
n'est besoin que d'obtenir quatre branches primitives sur

le sujet d'un an, il n'y a point ici de prolongement central, ni d'étages superposés ; quelques petits tuteurs conduisent les branches de la base au pourtour du cercle où elles trouvent alors des tuteurs verticaux parfaitement fixes et régulièrement disposés. — Il ne reste plus qu'à attacher les prolongements à mesure qu'ils montent vers le sommet : — aucune difficulté à surmonter, aucun travail long et compliqué comme dans la pyramide.

2° La formation complète du Vase n'exige qu'un très petit nombre d'années, cinq à six ans pour les Vases de dimension moyenne, sept à huit ans au plus pour les Vases plus élevés de dix, douze et seize branches. Au bout de ce temps le Vase est complet et donne presque son maximum de production.

3° La largeur de la base qui varie entre 0^m90 centimètres, 1 mètre, 1^m15 et 1^m20, au lieu de 3 mètres au moins que présente celle de la pyramide, ne couvre qu'une faible étendue de terrain et l'écartement des branches verticales qui est de 30 à 33 centimètres, ainsi que l'absence à l'intérieur de végétations confuses et touffues, laissent passer facilement les rayons du soleil. Au pourtour de mes Vases je cultive avec un plein succès des fraisiers ou des massifs de fleurs.

4° La taille est des plus faciles. La hauteur, du sol au sommet, de l'arbre variant entre 2^m et 2^m30, il n'est besoin pour tailler à son aise la partie la plus élevée, que d'un petit escabeau à cinq ou six marches ; jamais aucune lambourde ne peut être brisée.

« De toutes les formes, dit l'abbé Lefebvre, dans les
» quelques pages qu'il consacre aux Vases, cette forme
» est celle où les opérations sont les plus simples et les
» plus faciles. Je l'affirme avec tous ceux qui la pratiquent.
» Le travail est agréable et c'est un délassement, une
» véritable récréation, de se promener autour de l'arbre
» et de faire, sur des branches à portée de la main, les
» pincements, les tailles, les retranchements que j'ai
» conseillés. »

5° La fertilité, pour les mêmes variétés de fruits bien
entendu, est plus grande dans les Vases que dans les
Pyramides. Celà tient à ce que les branches uniformé-
ment éclairées dans tous les sens et dans toute leur longueur, développent abondamment leurs lambourdes.

Pour la même raison elles donnent partout des fruits
d'égale grosseur et d'égal coloris.

Ces fruits sont toujours plus gros que dans la pyramide
parce que les lambourdes placées sur les branches charpentières sont alimentées par une sève qui vient directe-
ment du pied de l'arbre et n'est contrariée par aucun
coude plus ou moins resserré.

J'ai tous les jours sous les yeux de nombreux exemples
de ces différences de grosseur et de fertilité, je n'en cite-
rai qu'un : J'ai une Duchesse en pyramide âgée de 18 à
20 ans, elle porte 50 fruits environ et le Vase à 8 branches
de la même espèce, que représente la planche IV, qui n'a
que 6 ans et dont les productions fruitières ne sont encore

formées que dans les trois quarts de sa hauteur, porte 90 poires de première grosseur.

6° A cause de leur hauteur restreinte, 2^{m}30 au plus, au lieu de 5 à 6 mètres que l'on donne généralement aux pyramides, les Vases sont bien moins exposés aux intempéries des saisons. Leur forme régulièrement verticale ne permet pas à la neige de s'amasser en grande quantité sur les branches ; la partie supérieure seule est exposée à subir les atteintes meurtrières de la gelée ; les fleurs, à mesure qu'on descend vers la base, sont protégées par les feuilles des parties supérieures, et beaucoup échappent à ce fléau.

Il serait d'ailleurs assez facile, si l'on voulait en faire les frais, de disposer un abri de toile ou de paillassons au-dessus de l'arbre entier.

Quant au vent, il a peu de prise sur un arbre aussi peu compact et qui le laisse circuler librement à travers ses branches écartées l'une de l'autre. La solidité et la flexibilité de la charpente en fer résistent aux plus violentes tempêtes — et tandis que j'ai vu des pyramides abattues ou fortement inclinées par l'ouragan, j'ai toujours remarqué que les Vases, pareils au roseau de la fable, se courbent momentanément et se redressent d'eux-mêmes quand la tourmente a passé.

Les branches, étant fixes et toutes verticales, ne se jettent pas les unes sur les autres quand le vent les agite, comme il arrive dans la pyramide dont les branches, superposées horizontalement, changent à chaque instant de place. Les fruits des Vases par conséquent, ne peuvent s'entre-choquer et se meurtrir.

Pour la cueillette, elle se fait partout aisément à la main, et aucun fruit n'est exposé à rouler sur la terre.

7° Au point de vue de la plantation, les Vases présentent encore sur les pyramides un avantage sérieux : Sur une plate-bande de 21 mètres, en laissant à la base de chaque pyramide un espace de 3 mètres pour son développement futur, on pourra planter sept arbres, distants l'un de l'autre de 3 mètres. Mais quand les arbres auront atteint leur diamètre de 3 mètres chacun, les extrémités des branches se toucheront ; il sera impossible de passer entre eux.

Pour la même longueur de plate-bande, je plante neuf Vases à huit branches ; la base de chaque Vase étant de 90 centimètres, les neuf couvrent 8^{m}10 de terrain, il me reste 12^{m}90 qui, divisés par 9, donnent 1^{m}45 pour l'intervalle libre entre chaque Vase, ce qui permet de circuler aisément tout autour, même avec un escabeau.

Pour obtenir les mêmes facilités de circulation autour des pyramides, il faudrait n'en planter que cinq, ce qui ne donnerait encore que 1^{m}20 pour les quatre intervalles et pour les deux extrémités de la plate-bande.

D'autre part, ces cinq pyramides ayant chacune, quand elles ont acquis 5 mètres de hauteur environ, cinquante branches charpentières de 1 mètre de longueur en moyenne, donneront un développement total de 50 mètres, soit 250 mètres pour les cinq arbres. Un Vase de huit

branches donne environ 25 mètres de développement de
ses branches charpentières, ce qui fait 250 mètres pour
dix Vases.

Deux Vases équivalent donc, comme étendue, à une
pyramide. D'où la possibilité, pour l'amateur, d'avoir la
moitié plus de variétés de fruits.

Objections que l'on a faites aux Vases

Hardy reproche aux Vases « d'exiger trop de place ou
» de trop empiéter sur les plates-bandes à mesure que les
» arbres atteignent tout leur accroissement ». Cette
objection avait sa raison d'être pour la forme qu'il con-
seillait : Trois ou quatre branches partaient du pied de
l'arbre, se subdivisaient à l'infini à mesure qu'elles s'éle-
vaient, se dirigeaient naturellement sous un angle plus
ou moins aigu, jusqu'à la hauteur qu'on voulait leur donner. On arrivait ainsi à un diamètre supérieur très
étendu. Les charpentes verticales que je conseille aujour-
d'hui pour les Vases mettent à néant cette objection.

Dubreuil reproche surtout aux Vases : la lenteur dans
l'arrivée du produit maximum et la difficulté que présente
la formation des charpentes. On a vu plus haut que ces
objections n'ont aucune valeur.

Plus récemment — et depuis surtout que l'on commence à s'occuper un peu de cette forme — des praticiens fort habiles d'ailleurs, reprochent aux Vases
d'emprisonner l'arbre dans un espace plus ou moins

restreint, en ne laissant pas à la végétation la place nécessaire à son développement.

Mais, n'en est-il pas de même pour les espaliers ? Quand un arbre est arrivé en haut d'un mur et quand il a atteint ses voisins, de chaque côté, ne faut-il pas aussi l'arrêter là ? Que faites-vous ? Vous supprimez le prolongement central s'il s'agit d'une palmette à branches horizontales et vous taillez chaque année les prolongements sur un œil de pousse qui sert de tire-sève.

Il en sera absolument de même pour le Vase ; quand chacune de ses branches aura parcouru l'espace qui lui est assigné, on la taillera sur un œil à bois qui donnera chaque année un prolongement que l'on recommencera à supprimer les années suivantes.

On a dit encore que la construction des charpentes est difficile. Je crois que pour ceux qui ont pris la peine de me lire attentivement, cette objection n'est plus sérieuse.

On a vu que mes charpentes sont extrèmement solides sans être massives et que leurs supports en chêne ne nuisent pas aux racines ; il faut observer, de plus, qu'elles peuvent durer de longues années et suffire à l'élevage de plusieurs arbres si les premiers cessent de vivre par suite d'accidents ou par suite d'épuisement naturel.

Quant au prix de revient de ces charpentes il est bien modique et si l'on considère qu'une fois ces frais payés, on n'a plus de dépenses à faire tous les ans pour la taille et les tuteurs de toute espèce exigés pour la pyramide, il est facile de se rendre compte que la première mise de fonds est bientôt couverte.

Enfin je veux faire encore ressortir cette considération que la direction verticale donnée aux branches dans les Vases est la plus conforme aux lois de la végétation et celle qui se prête le mieux à la mise à fruit.

L'arbre croît plus rapidement et se couvre plus tôt de production fruitière.

CONCLUSIONS

Les Concours horticoles nous démontrent que l'Arboriculture fruitière a fait depuis quelques années d'immenses progrès, au point de vue surtout du nombre et de la beauté des fruits. Les arboriculteurs ont compris toute l'importance de cette branche commerciale, véritable richesse pour certains pays ; et pour obtenir ces résultats ils se sont décidés à planter de bons arbres, de bonnes variétés et à les soigner avec sollicitude. Ils se sont pénétrés de cette idée que, pour avoir de beaux fruits, il faut avoir de beaux arbres et que, pour avoir de beaux arbres, il faut les cultiver avec une connaissance parfaite des lois de la végétation. Ils ont renoncé aux formes dans lesquelles la nature était torturée comme à plaisir et ont recouru aux formes simples, se rapprochant le plus possible de la végétation naturelle des arbres.

Nous ne sommes plus au temps où les jardiniers qui voulaient passer pour habiles, ainsi que le dit l'abbé Legendre en 1652 « donnaient à leurs arbres mille pos-
» tures extravagantes et leur faisaient représenter toutes

» sortes d'animaux, d'une manière entièrement ridi-
» cule ».

Si quelques-uns de nos plus habiles pépiniéristes
exposent encore de nos jours dans leurs riches collections
quelques arbres aux formes bizarres, quelques *chefs-
d'œuvre* professionnels véritablement artistiques, ce n'est
j'en suis convaincu, qu'à titre de pure curiosité et pour
prouver que l'homme peut faire ce qu'il veut d'un arbre
quand il connait bien la physiologie végétale. Mais tous,
sans exception, appliquent spécialement leur talent à
montrer de beaux spécimens de formes rationnelles,
usuelles et productives.

J'ai le profond regret de n'avoir pas trouvé dans leurs
pépinières, le Vase et le Gobelet bien compris. Cela
tient sans doute aux raisons diverses que j'ai données
plus haut. Les pépiniéristes-arboriculteurs qui prépa-
rent pour le commerce, des types d'arbres à demi-
formés ou tout au moins ébauchés, n'ont pas cru
devoir, jusqu'à présent, offrir des modèles d'une forme
qu'ils savent peu prisée par les jardiniers. Elle est restée
aux mains de quelques amateurs.

Dans notre région cependant, elle commence à se
répandre. M. Ledoux, professeur d'arboriculture de la
Société d'Horticulture de l'arrondissement de Pont-
l'Evêque, partisan convaincu du Vase et fort habile
arboriculteur, en a déjà créé un assez grand nombre
dans les vergers de ses clients, et fait une active cam-
pagne en sa faveur.

Puisse l'étude que je livre au public populariser et faire adopter dans tous les jardins où se cultivent les arbres fruitiers cette forme si agréable, si fertile et si facile à exécuter !

En terminant cette brochure je veux adresser mes plus vifs remerciements à M. Bonnet, jardinier chez M. Flandin au château de Bédeville, mon premier maître en arboriculture.

C'est en le voyant tailler mes jeunes arbres et en écoutant ses explications si claires et si précises sur la physiologie végétale, qui n'a point de secrets pour lui, que je compris bien vite quelle étroite analogie existe entre la vie des plantes et la vie des animaux, et que naquit en moi le goût de cette science à laquelle j'ai dû tant de précieuses distractions.

En m'apprenant à soigner les arbres, ces clients d'espèce rare, qui ne connaissent pas l'ingratitude, il m'a consolé de bien des misères professionnelles.

Je veux aussi remercier bien sincèrement M. Guilbert, de Pont-l'Evêque, l'artiste si complaisant et si dévoué qui a fait toutes mes photographies, reproduites en photogravure par l'habile graveur, M. Bertin, de Paris.

Merci également à M. Raymond Bazin, mon éditeur et mon ami et à M. Fernand Petit, son collaborateur.

EXPLICATION DES PLANCHES

Planche I. — Cette planche représente la charpente du
   Vase à 8 branches, telle qu'elle a été décrite pages 17
   et suivantes. Le scion d'un an, planté au centre a été
   taillé au-dessus de 4 yeux placés en diagonale, et les
   4 branches qui en sont résultées sont fixées sur les
   4 premiers tuteurs horizontaux en bois.

Planche II. — Chacune des 4 branches primitives a été
   taillée sur 2 yeux latéraux, ce qui a donné les 8 branches
   fixées sur les petits tuteurs horizontaux en bois, qui
   les conduisent aux 8 tuteurs métalliques verticaux.

Planche III. — Arbre arrivé aux trois quarts de son
   développement. Chacune des 8 branches est couverte
   de lambourdes garnies de boutons à fruits, depuis sa
   base jusqu'à son extrémité.

Planche IV. — Cette planche est la reproduction de la
   planche III ; mais le photographie en a été faite alors

que les feuilles et les fruits ont été développés et que
les prolongements de l'année ont pu garnir le sommet
du Vase. C'est une Duchesse.

Planche V. — Cette planche représente un Vase à
8 branches, âgé de 18 ans, complètement garni de
lambourdes et de boutons à fruits.

Planche VI. — Le même Vase que le précédent avec
feuilles et fruits (Triomphe de Jodoigne).

Planche VII. — Vase rond à 10 branches, garni de lambourdes et de boutons à fruits. Ce Vase, ainsi que je
l'ai dit page 20, gagnerait en élégance s'il avait 25 à
30 centimètres de plus en hauteur. Il est âgé de 8 à
10 ans.

Planche VIII. — Le même que le précédent avec ses
fruits au nombre de 180 (Beurré d'Amanlis).

Planche IX. — Vase carré à 12 branches avec boutons à
fruits (William).

Planche X. — Vase carré à 16 branches avec très nombreux boutons à fruits.

Planche XI. — Le même avec plus de 400 fruits. C'est
une Figue d'Alençon âgée de 20 ans.

Planche XII. — Gobelet à 9 branches avec innom-
brables boutons à fleurs à demi épanouis. C'est un
pommier de Reinette de Beaumann. Il est facile de se

rende compte en examinant ce Gobelet, de la façon dont est disposée la charpente que j'ai décrite page 25.

Planche XIII. — Gobelet à 9 branches avec feuilles et fruits. Les fruits sont en quantité considérable, 200 ou 250 au moins. Ils se voient peu, étant petits au moment où l'on a photographié l'arbre et cachés par les feuilles. C'est un Pigeonnet de Rouen.

Pont-l'Evêque. — Imp. Raymond BAZIN

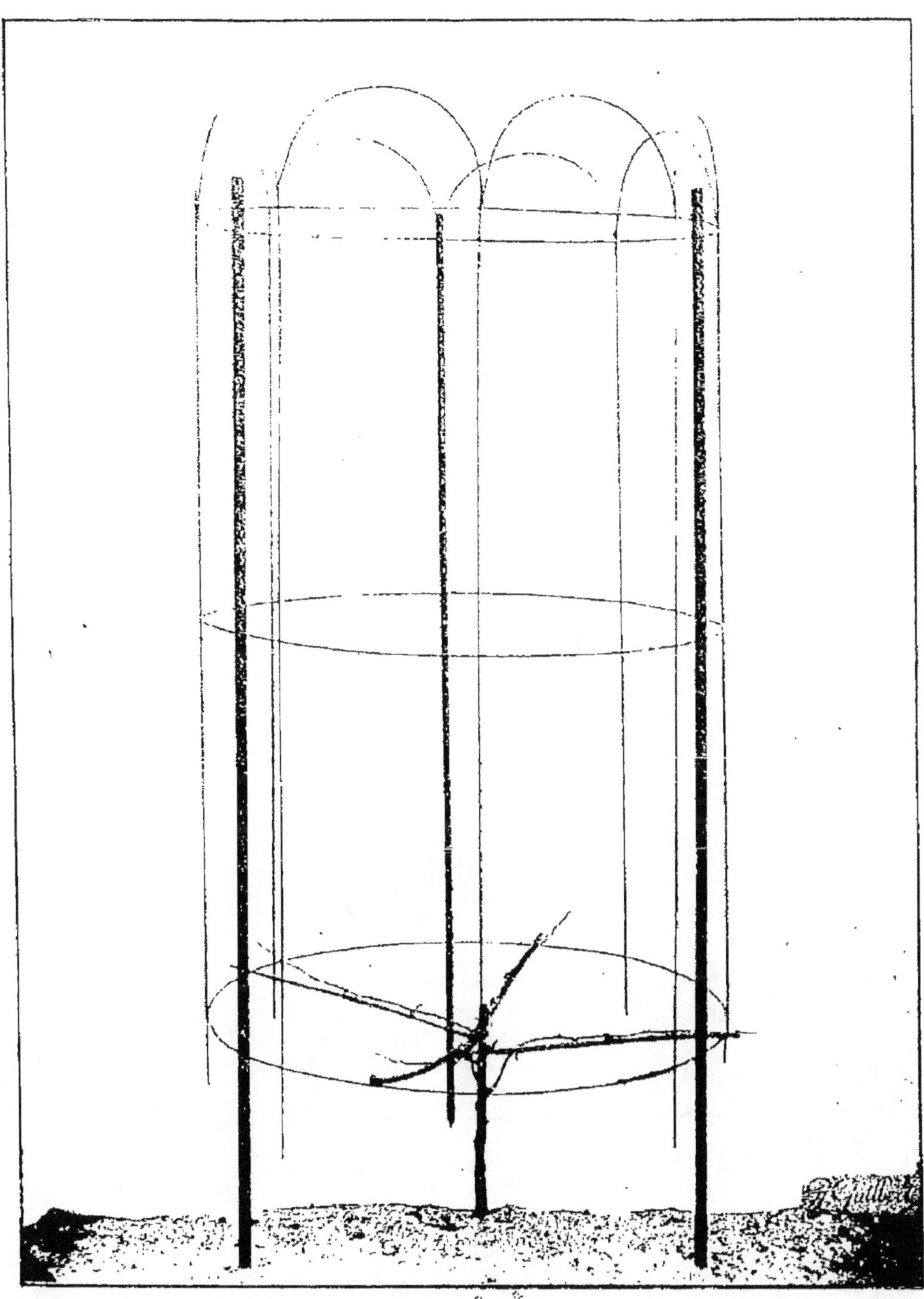

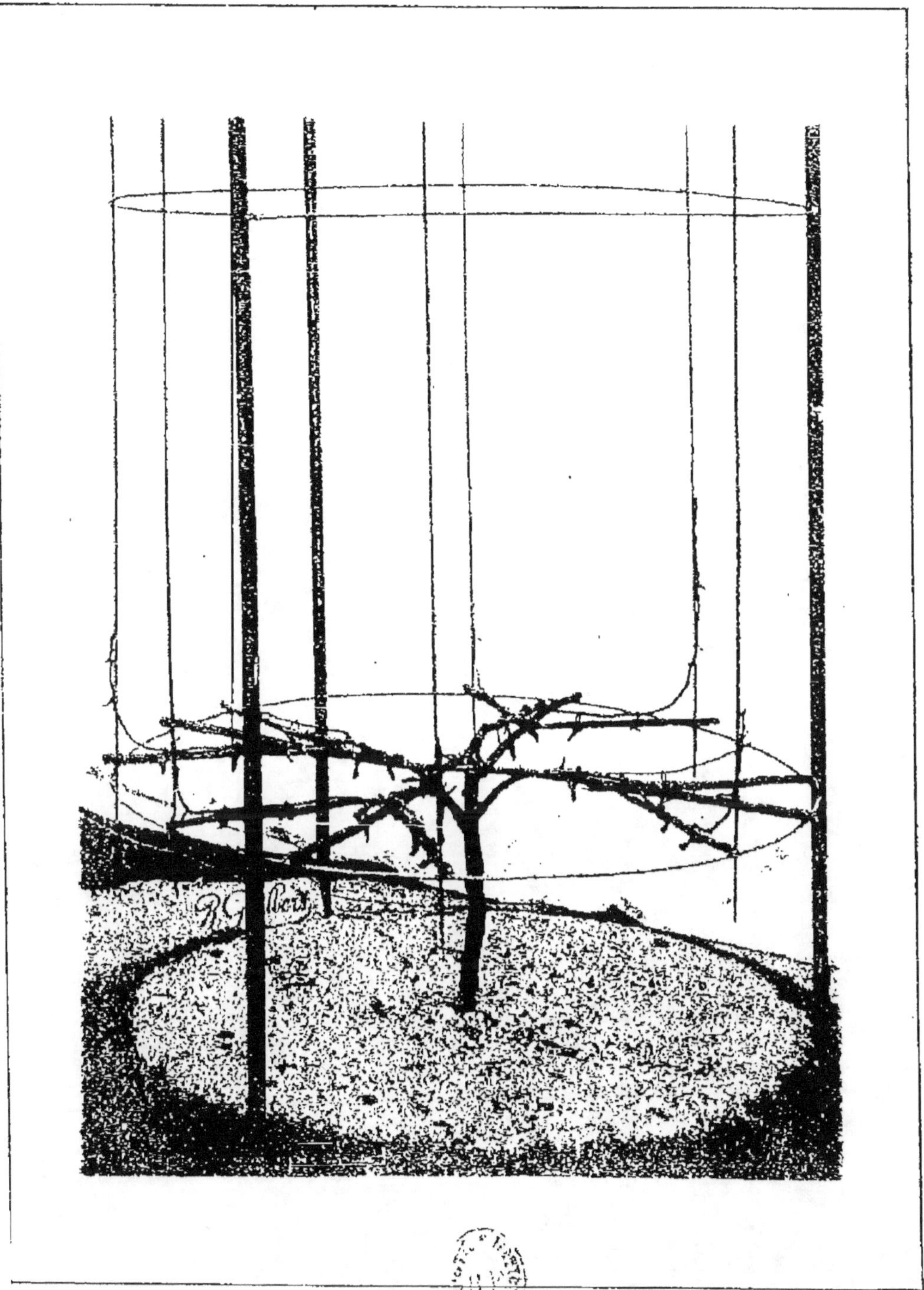

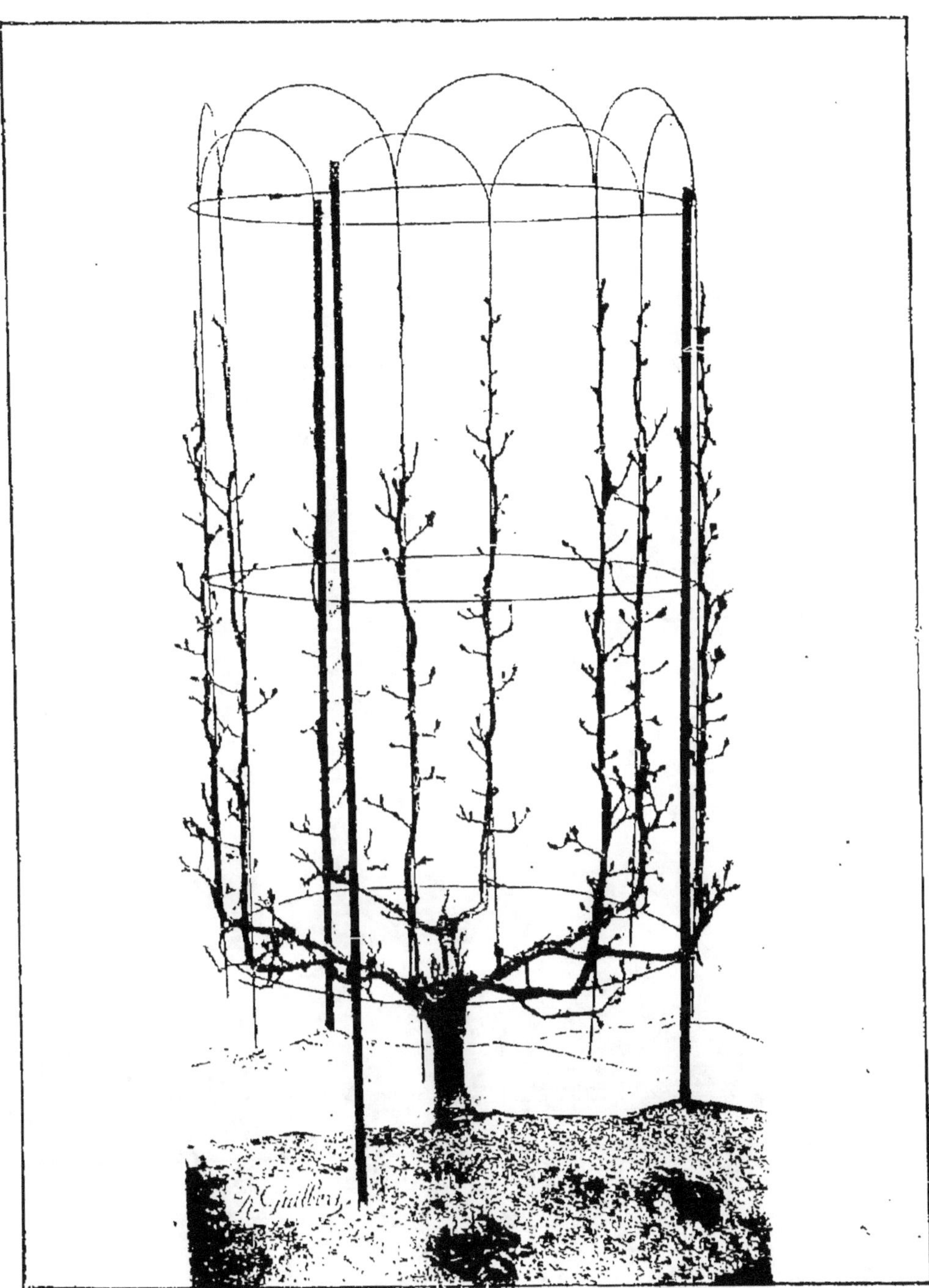

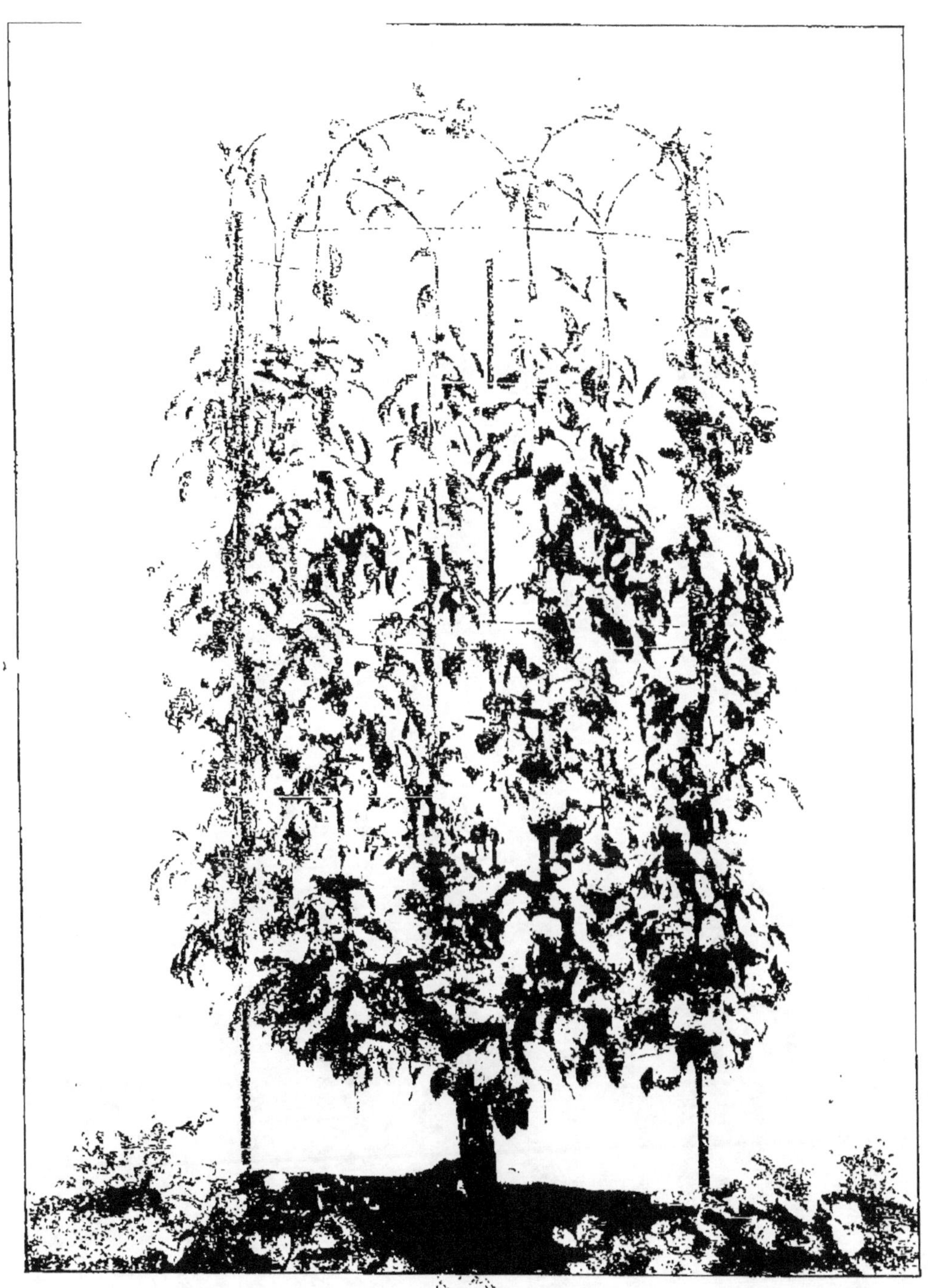

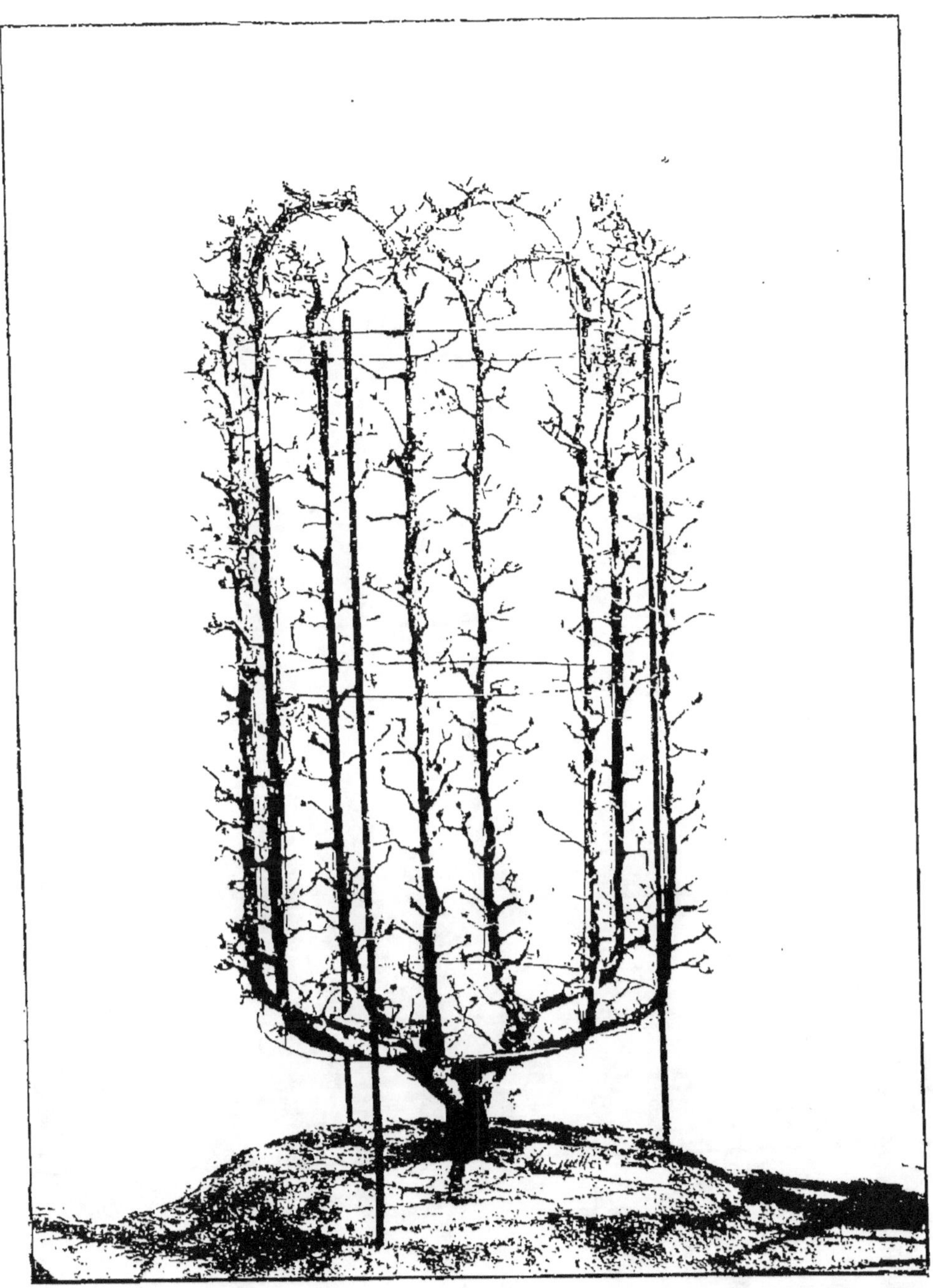

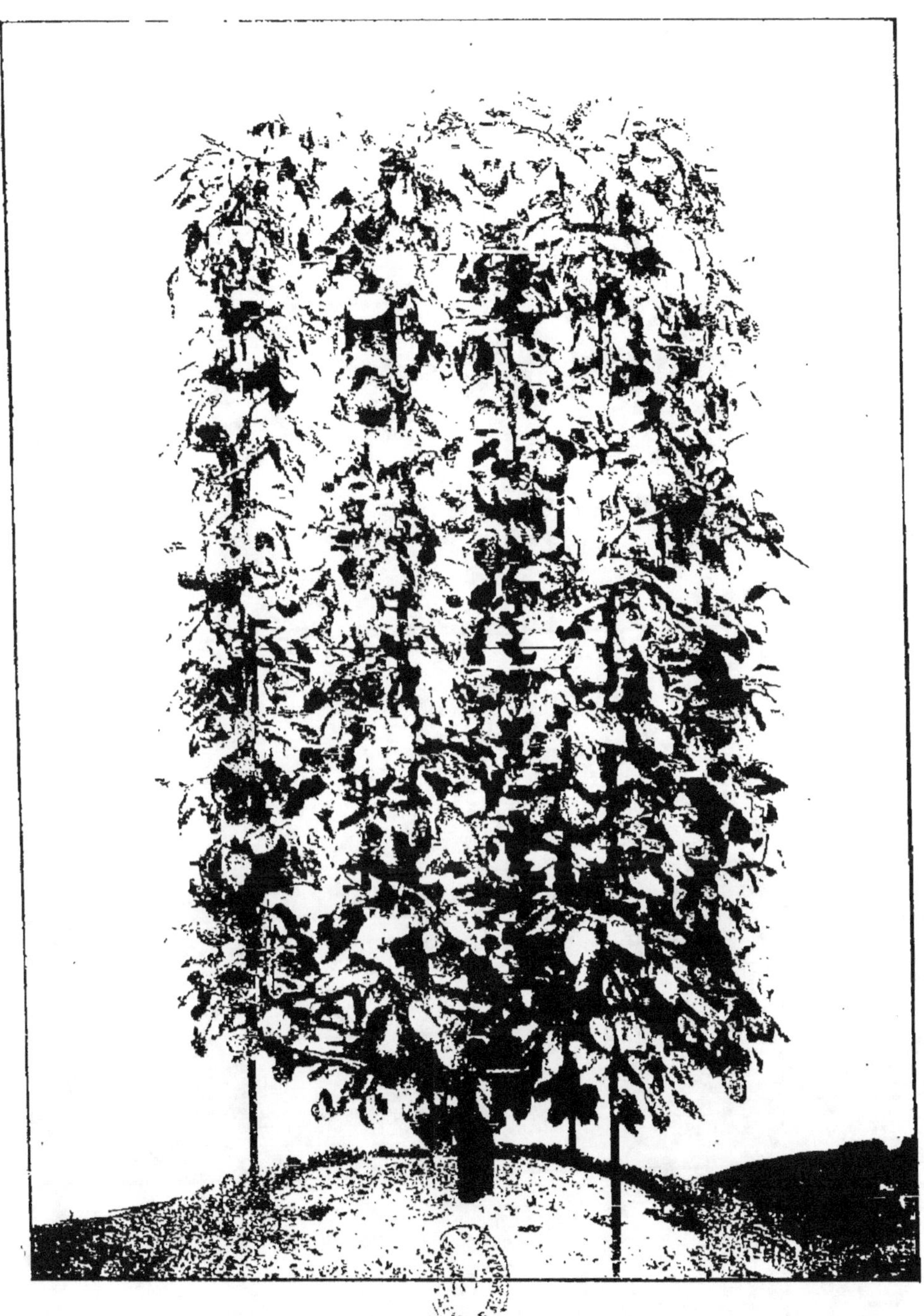

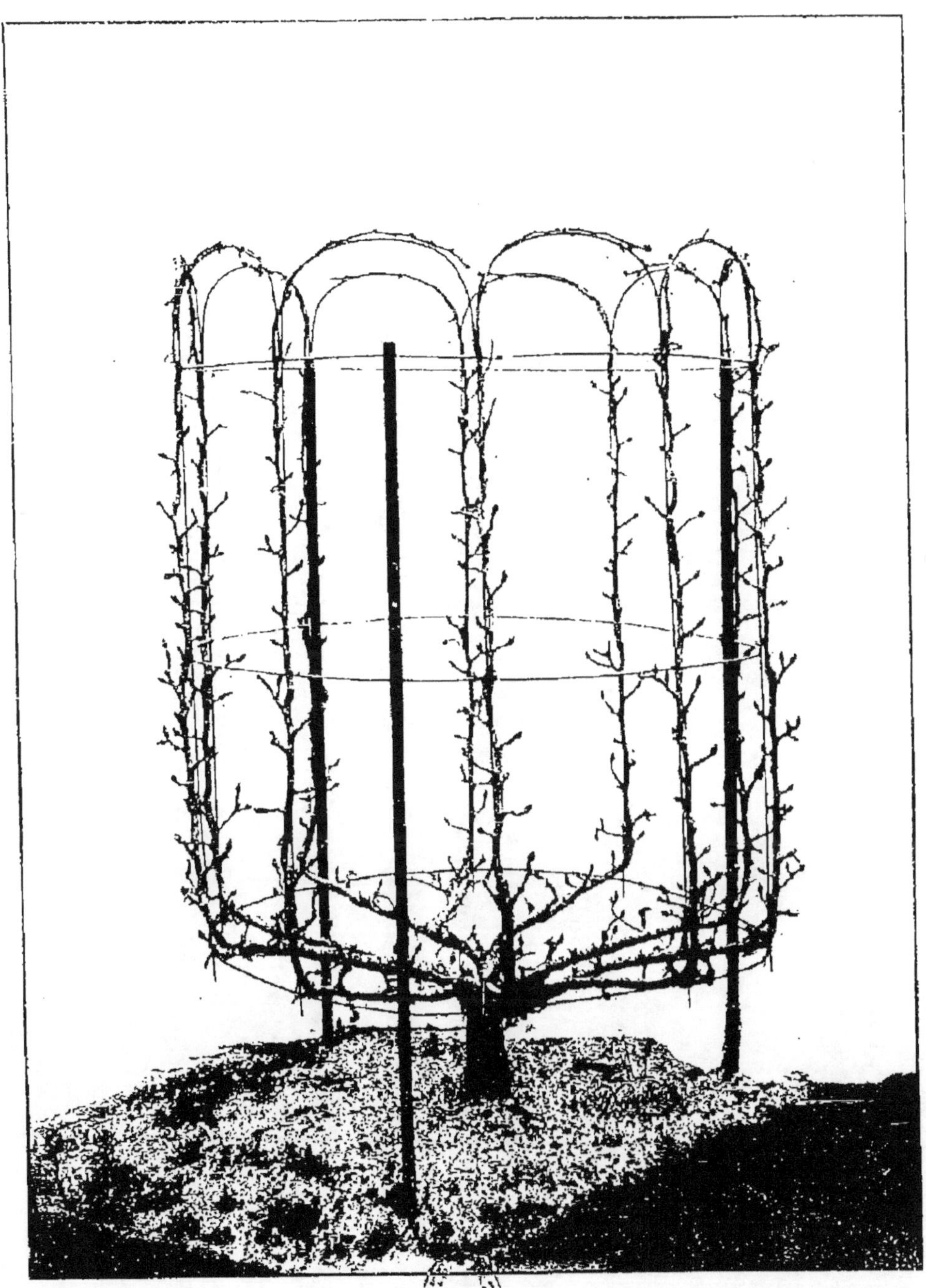

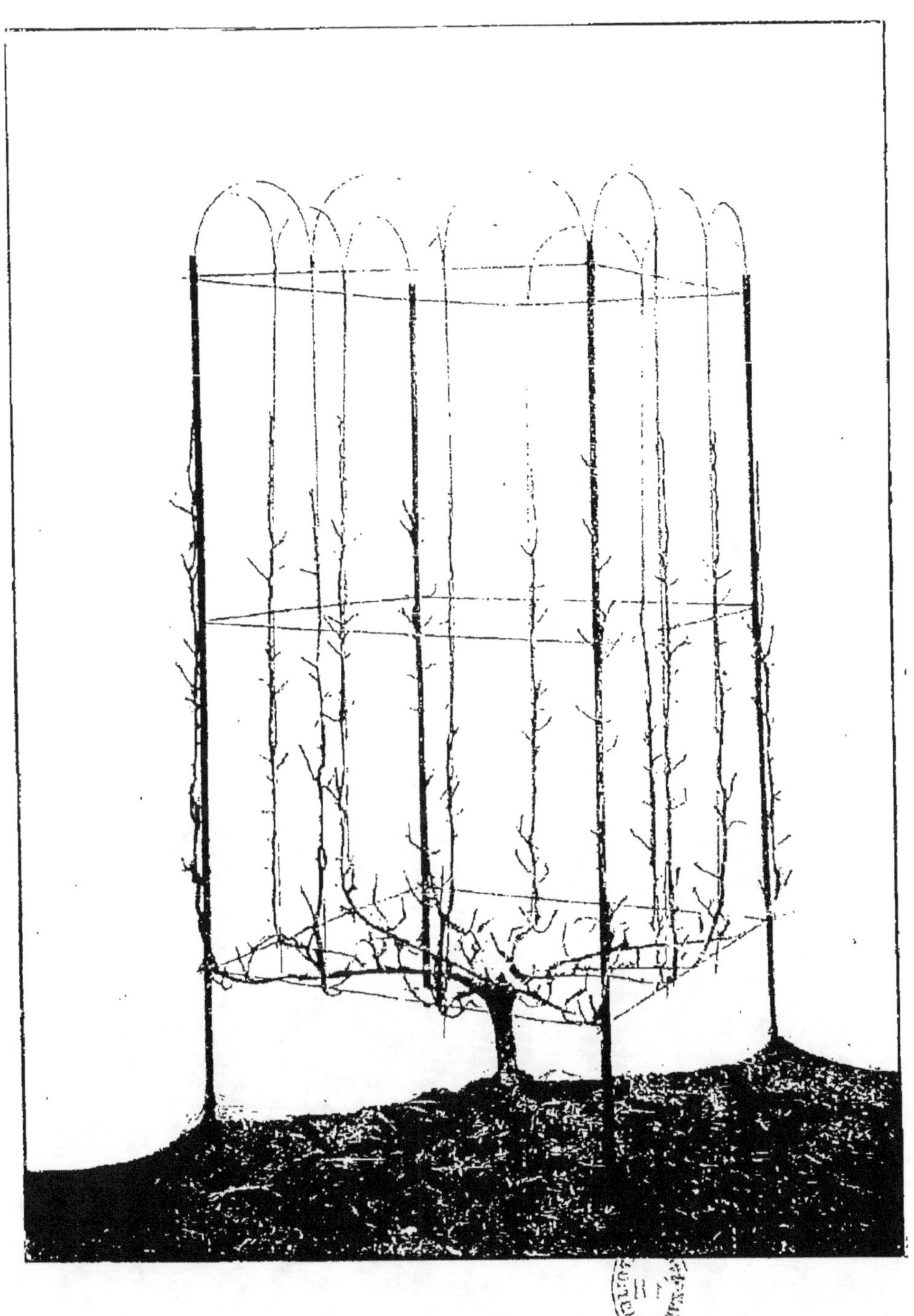

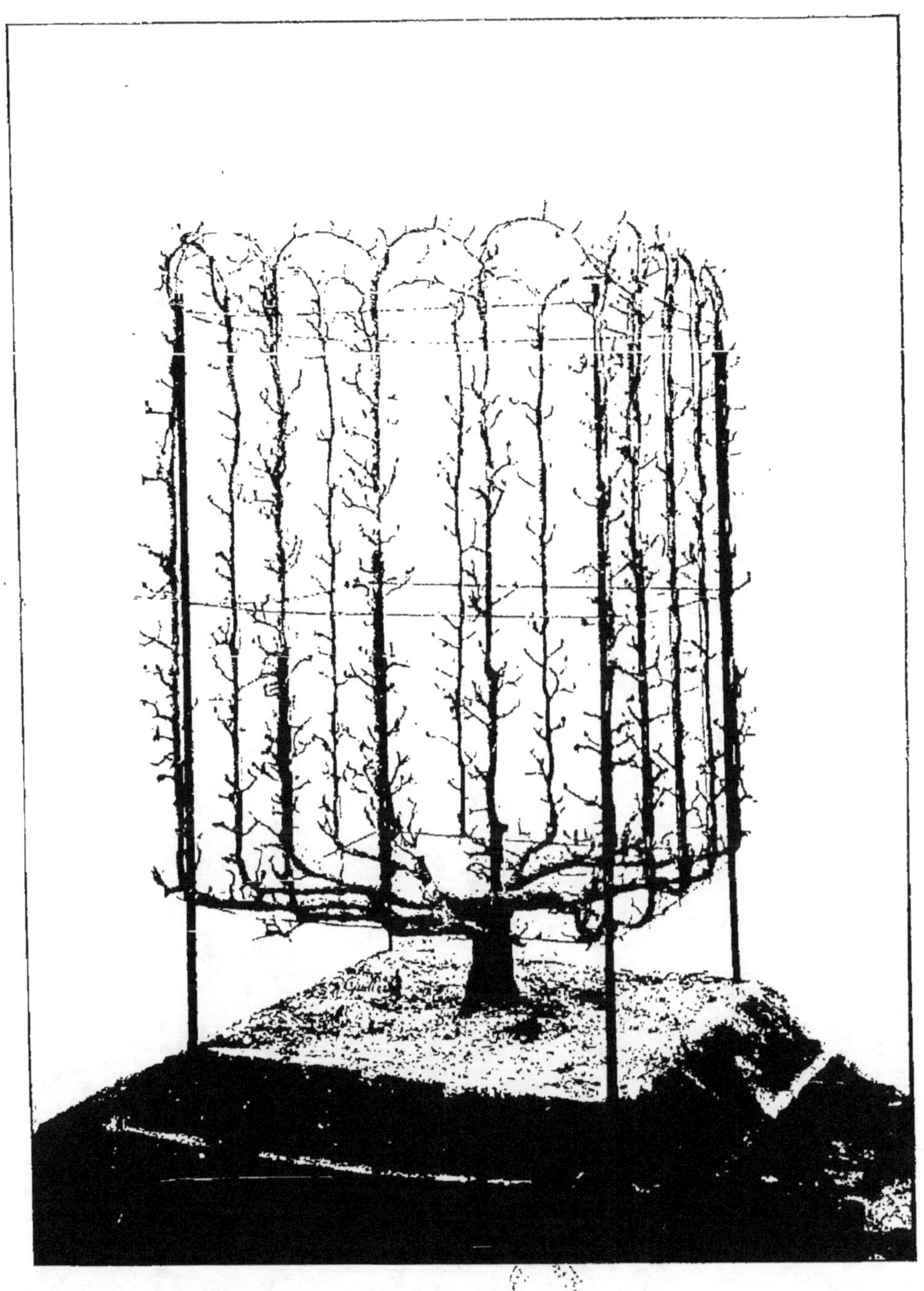

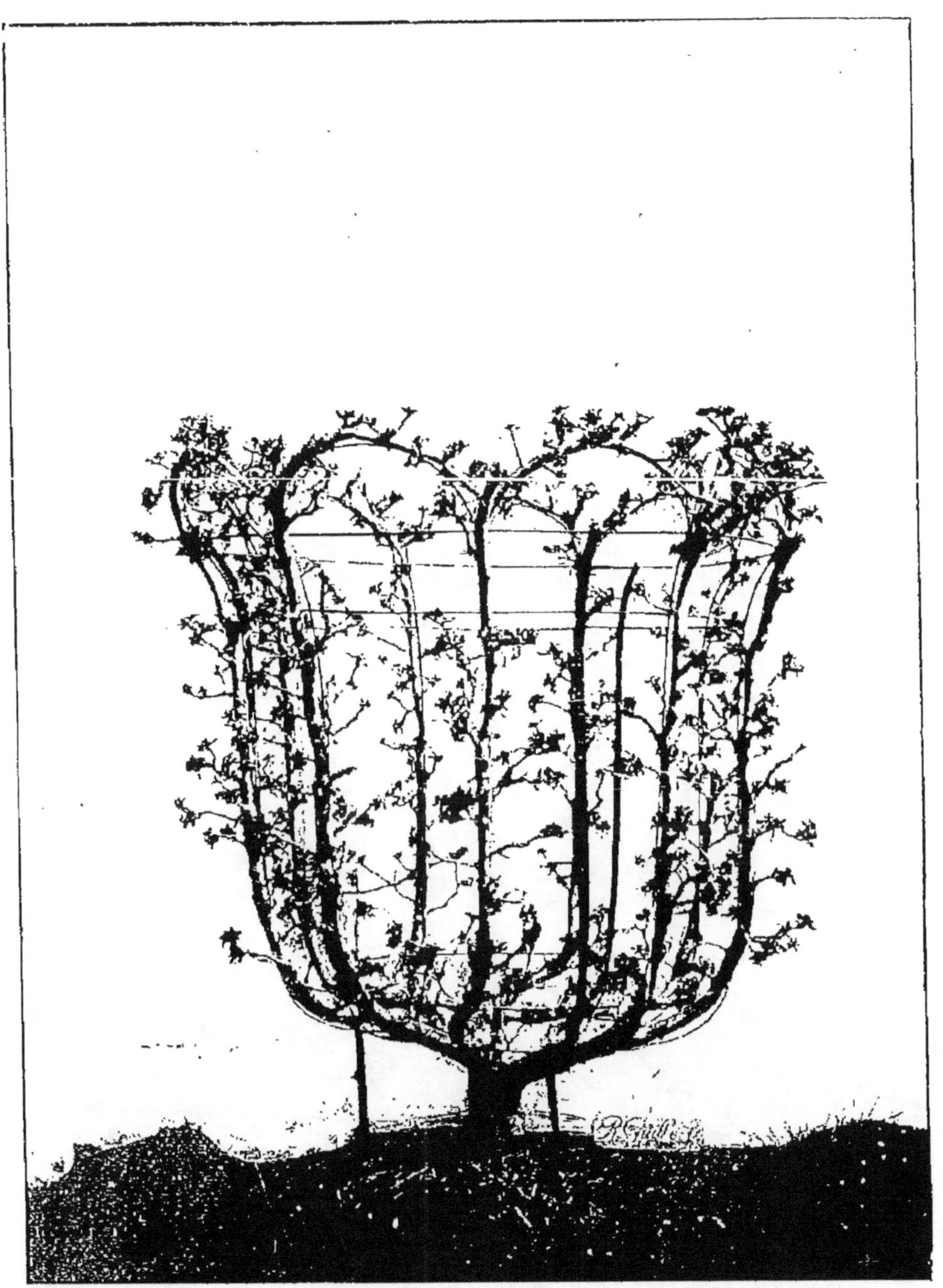